Tahani Abduljabbar Al Baaj

# Estudo da expressão de TGF-α e EGFR no cancro da tiroide

**Tahani Abduljabbar Al Baaj**

# Estudo da expressão de TGF-α e EGFR no cancro da tiroide

## Por Ensaio de Imunohistoquímica

**ScienciaScripts**

**Imprint**

Any brand names and product names mentioned in this book are subject to trademark, brand or patent protection and are trademarks or registered trademarks of their respective holders. The use of brand names, product names, common names, trade names, product descriptions etc. even without a particular marking in this work is in no way to be construed to mean that such names may be regarded as unrestricted in respect of trademark and brand protection legislation and could thus be used by anyone.

Cover image: www.ingimage.com

This book is a translation from the original published under ISBN 978-620-2-01371-0.

Publisher:
Sciencia Scripts
is a trademark of
Dodo Books Indian Ocean Ltd. and OmniScriptum S.R.L publishing group

120 High Road, East Finchley, London, N2 9ED, United Kingdom
Str. Armeneasca 28/1, office 1, Chisinau MD-2012, Republic of Moldova, Europe
Printed at: see last page
**ISBN: 978-620-7-67789-4**

# Lista de conteúdos

## Dedicação

*À fonte da paciência e do otimismo e esperança ..*

*A minha mãe*

**Tahani**

# AGRADECIMENTOS

*Gostaria de exprimir os meus sinceros agradecimentos e gratidão aos meus supervisores, o professor assistente Dr. Kareem Hamed Ghali, pela sua orientação científica, conselhos amáveis, acompanhamento contínuo, encorajamento e ajuda durante todo o período de investigação e durante a redação deste trabalho. Gostaria também de agradecer ao meu supervisor, Dr. Hameed Naeem Mousa, pela sua amável ajuda e pelas inúmeras horas de reflexão, encorajamento e apoio.*

*Um agradecimento muito especial a Younus Atiyah Kamil por ter estado ao meu lado, apoiando-me e ajudando-me durante todo o período de investigação.*

*Gostaria de agradecer a ajuda e o apoio do pessoal do Laboratório Privado Ibn al-Bitar na província de Thi-Qar pelo seu apoio e ajuda durante a recolha de amostras. A todas as pessoas que me ajudaram no Hospital Universitário Al-Hussein, na cidade de Al- Nasiriya ..... Obrigado pelo bom acolhimento, ajuda e apoio.*

*Agradeço ao Dr. Ali abid Saadoon Al-Ghuzy por me ter ajudado na análise estatística dos resultados deste estudo.*

*Os meus profundos agradecimentos ao professor assistente Dr. Kareem Hassan Bardan pela sua ajuda e cooperação.*

*Gostaria de agradecer aos doentes e às pessoas de controlo a sua cooperação na obtenção das amostras do estudo e, sem a sua ajuda, este trabalho não seria possível.*

*Finalmente, aos meus queridos familiares... Obrigado por tudo o que fizeram por mim.*

***Tahani***

# Lista de abreviaturas

| | |
|---|---|
| AJCC | American joint committee on cancer |
| AR | Amphiregulin |
| ATC | Anaplastic thyroid carcinoma |
| ATP | Adenosine triphosphate |
| BTC | Betacellulin |
| D.D.W | Deionized distilled water |
| D.W | Distilled water |
| DTC | Differentiated thyroid carcinoma |
| EGF | Epidermal growth factor |
| EGFR | Epidermal growth factor receptor |
| EPR | Epiregulin |
| FNA | Fine needle aspiration |
| FNAC | Fine needle aspiration cytology |
| FTC | Follicular thyroid carcinoma |
| GHIH | Growth hormone-inhibiting hormone |
| HB-EGF | Heparin-binding epidermal growth factor |
| MEC | Mucoepidermoid carcinoma |
| NGR1 | Neuregulins1 |
| NGR2 | Neuregulins2 |
| PTC | Papillary thyroid carcinoma |
| Sav-HRP | Streptavidin-horseradish peroxidase |
| T3 | Triiodothyronine |
| T4 | Thyroxine |
| TGF-α | Transforming growth factor - alpha |
| TNM | Tumor-lymph node -metastasis |
| TRH | Thyrotropin-releasing hormone |
| TSH | Thyroid-stimulating hormone |
| UICC | Union for International Cancer Control |
| WHO | World Health Organization |

# Capítulo I. Introdução e revisão da literatura

## 1: Introdução

A glândula tiroide é uma das glândulas endócrinas mais importantes do corpo humano (Williams e Larsen, 2003). É uma glândula em forma de borboleta, constituída por dois lóbulos separados por uma instalação denominada istmo (Upadhyaya, 2012). A tiroide situa-se na parte da frente do pescoço, logo abaixo da laringe, e excreta duas hormonas: a tiroxina (T4) e a triiodotironina (T3). Estas hormonas regulam a taxa metabólica do organismo (Hall, 2016). O cancro da tiroide ocorre quando se desenvolvem nódulos na glândula tiroide, embora cerca de 90% a 95% dos nódulos da tiroide sejam benignos, mas houve um aumento do número de casos de cancro da tiroide diagnosticados em todo o mundo (Leung e Mestman, 2015).

O cancro da tiroide é o nono cancro mais disseminado, sendo o quinto tumor maligno mais comum nas mulheres nos Estados Unidos, o que representa 3,8% dos novos casos de tumores malignos (Nguyen *et al.*, 2015). No Iraque, o cancro da tiroide ocupa o oitavo lugar nas mulheres (Iraqi Cancer Registry, 2011). O cancro da tiroide ocorre muito mais nas mulheres do que nos homens, a uma taxa de 3:1 (National Cancer Institute U.S., 2015). Existem vários tipos de cancros da tiroide que podem ser classificados de acordo com a caraterística histopatológica (National cancer institute U.S., 2012).

A principal categoria de carcinoma da tiroide é o carcinoma papilar da tiroide (CPT). Representa cerca de 70% a 80% de todas as neoplasias malignas da tiroide, seguido da segunda categoria, o carcinoma folicular da tiroide (FTC), que representa cerca de 10% a 15% de todos os tumores malignos da tiroide, e tanto o carcinoma papilar como o carcinoma folicular da tiroide têm origem nas células foliculares da tiroide. Por isso, são designados carcinoma diferenciado da tiroide (CDT) (Kumar *et al.*, 2007). O carcinoma medular da tiroide (CMT) representa

aproximadamente 3% a 8% de todos os tumores malignos da tiroide, que surgem a partir das células C (Cooper *et al.*, 2009). O carcinoma anaplásico da tiroide (ATC) ou carcinoma pouco diferenciado da tiroide representa cerca de 2% de todos os tumores malignos da tiroide, este tipo de carcinoma é o mais agressivo e arriscado porque invade os gânglios linfáticos circundantes e vários locais do corpo (Fitzgerald *et al.*, 2013). O carcinoma de células de Hürthle é um tipo pouco comum que constitui cerca de 3% de todos os tumores malignos da tiroide (Luo *et al.*, 2015). Existem outros tipos de carcinoma da tiroide, mas ainda mais raros, tais como: carcinoma mucoepidermóide (MEC), que é muito raro, linfoma, carcinoma de células escamosas da tiroide e sarcoma da tiroide (Shindo *et al.*, 2012).

O fator de crescimento transformador alfa (TGF-α) é uma proteína estável para o ácido e o calor tem 50 aminoácidos, o peso molecular do TGFα maduro é de 6 kDa, e o gene do TGFα humano está localizado no cromossoma 2p13.3 (Ebadifar *et al.*, 2016). Este polipeptídeo compartilha cerca de 33% de correspondência estrutural com o fator de crescimento epidérmico (EGF), portanto, compete pela ligação ao recetor conjunto, EGFR (Ciana *et al.*, 2003).

O recetor do fator de crescimento epidérmico (EGFR) é uma proteína transmembranar presente em algumas células, contém 1186 aminoácidos e tem um peso molecular de 170 kDa (Mitrasinovic, 2012). A localização citogenética do EGFR humano é: 7p11.2, (braço curto (p) do cromossoma 7 na posição 11.2) (UCSC Genome Browser on Human Dec. 2013 (GRCh38/hg38) Assembly). É membro da família EGF que desempenha um papel essencial na regulação da diferenciação, proliferação, sobrevivência e migração das células (Hallbeck, 2007). O recetor do fator de crescimento epidérmico liga-se a pelo menos sete ligandos diferentes, esta ligação a um ligando dá permissão ao EGF para se ligar a uma proteína recetora contígua, activando o composto dos receptores e as vias de sinalização na célula alvo (Cavalli, 2009).

O TGF-alfa e o seu recetor EGFR podem desempenhar um papel importante na patogénese e na progressão de diferentes tipos de carcinoma, incluindo o carcinoma da tiroide, uma vez que o aumento da expressão destes genes é capaz de estimular as transformações celulares e, possivelmente, pode levar à carcinogénese (Yarden e Sliwkowski, 2001). Assim, podemos utilizar estas duas proteínas como fator de prognóstico no cancro da tiroide e como alvo terapêutico.

## 1.1: Objetivo do estudo

O principal objetivo deste estudo foi estimar a qualificação da expressão de múltiplos genes como biomarcadores tumorais no cancro normal, benigno e da tiroide através do seguinte:

1- Investigação da expressão e intensidade do TGFα e do EGFR em secções normais, benignas e de cancro da tiroide utilizando a técnica imuno-histoquímica

2- Determinação da correlação entre a expressão e a intensidade do TGFα e do EGFR com as variáveis clinicopatológicas do carcinoma da tiroide

3- Avaliação do papel da expressão de TGFα e EGFR na progressão do carcinoma da tiroide.

4- Avaliação da possibilidade de utilização do TGFα e do EGFR como alvo terapêutico no carcinoma da tiroide humano.

## 1-2 Revisão da literatura

## 1-2-1 Estrutura da glândula tiroide

A glândula tiroide é um órgão em forma de borboleta e está localizada na parte da frente do pescoço, ligada à parte inferior da laringe e à parte superior da traqueia (Rosenthal, 2002). A glândula tiroide é constituída pelos lobos direito e esquerdo, que estão interligados ao longo da linha média por uma estreita faixa de tecido denominada istmo (Gartner *et al.*, 2011) (Fig. 1.1).

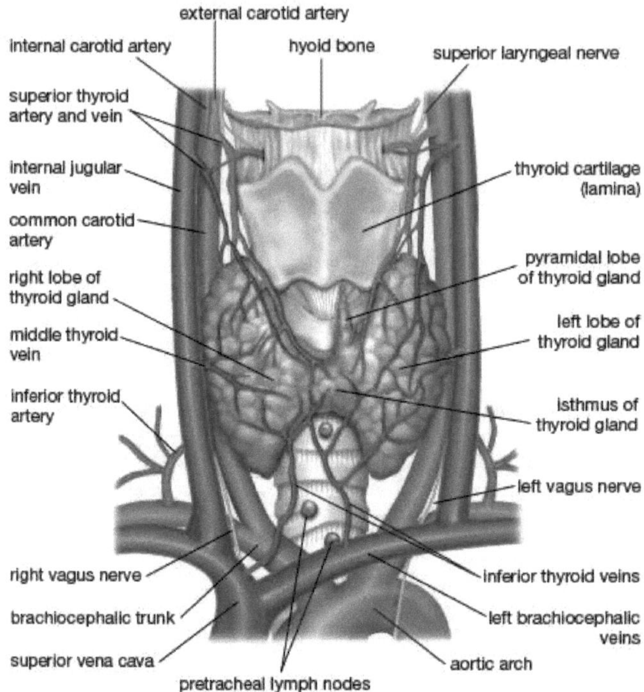


**Fig (1.1):** Anatomia da glândula tiroide (Martini *et al.*, 2012).

A glândula tiroide é uma das maiores glândulas endócrinas do corpo, pesa cerca de 20 a 30 g, cada lóbulo tem cerca de 5 cm de comprimento, 3 cm de largura, 2 cm de espessura e o istmo mede cerca de 1,25 cm de diâmetro vertical e transversal (Singh, 2014). Ocasionalmente, ascendendo a partir do istmo, encontra-se um terceiro lóbulo, denominado lóbulo piramidal   (Park *et al.*, 2012; Gurleyik *et al.*, 2015). É um único lóbulo cónico

extensão da glândula tiroide e que ascende ao longo do aspeto medial da lâmina da tiroide perto do osso hioide (Milojevic *et al.*, 2013).

O lobo piramidal é um vestígio do pedúnculo tireoglosso fetal, ou ducto tireoglosso (Dorland, 2007). Ocasionalmente, é bastante destacado, ou pode ser dividido em duas ou mais porções, e o lóbulo piramidal também é conhecido como piramidal de Lalouette (Dorland, 2012).

A glândula tiroide é envolvida por uma cápsula de tecido conjuntivo cujos septos penetram na substância da glândula, formando não só a sua estrutura de suporte, mas também o seu conduto para o seu rico suprimento vascular (Gartner *et al.*, 2013). Existem duas camadas de cápsula: uma interna é formada pela condensação periférica do estroma fibroso da glândula, denominada cápsula verdadeira, e uma externa à cápsula verdadeira é a cápsula falsa, que é uma camada bem desenvolvida de fáscia derivada da divisão da fáscia pré-traqueal (Singh, 2014). A cápsula envia septos para a substância da glândula, subdividindo-a em lóbulos, e transmite o suprimento vascular, neural e linfático da glândula para seu parênquima, que é organizado em folículos semelhantes a cistos ($\leq$ 1 mm de diâmetro) cujo lúmen contém um coloide que é cercado por células foliculares cuboidais simples e células parafoliculares ocasionais (Gartner *et al.*, 2011).

A glândula tiroide desenvolve-se como um crescimento endodérmico mediano na base da língua, uma estrutura transitória, e o ducto tiroglossal liga a glândula em desenvolvimento ao seu ponto de origem, o ceco do capataz, na parte posterior da língua (Kierszenbaum e Tres, 2012). O ducto tireoglosso evapora-se completamente, deixando a tiroide desenvolver-se como uma glândula sem ductos. Os restos persistentes de tecido do ducto tireoglosso podem dar origem a quistos na zona frontal do pescoço que se assemelham a um nódulo. A remoção cirúrgica de um quisto tiroglossal alargado em crianças pode ser necessária para aliviar problemas de respiração e deglutição e para a prevenção de infecções e mesmo de transformação maligna durante a idade adulta (Kierszenbaum e Tres, 2016).

Por volta da nona semana de gestação, as células endodérmicas diferenciam-se em placas de células foliculares que se organizam em folículos (Ross e Pawlina, 2016). Por volta da 14ª semana, os folículos bem desenvolvidos revestidos pelas células foliculares contêm coloide no seu lúmen (Mills, 2012). Durante a semana 7, as células epiteliais que revestem a invaginação das bolsas da quarta faringe (branquiais), conhecidas como corpos ultimobranquiais, iniciam a sua migração em direção à glândula tiroide em desenvolvimento e são incorporadas nos lóbulos laterais. Após a fusão com a tiroide, as células dos corpos ultimobranquiais dispersam-se entre os folículos, dando origem a células parafoliculares que são incorporadas no epitélio folicular (Ross e Pawlina, 2016).

A hormona libertadora de tirotropina (TRH) e a hormona estimulante da tiroide (TSH) começam a ser ocultadas pelo hipotálamo e pela hipófise fetais às 18-20 semanas de gestação, e a produção fetal de tiroxina (T4) atinge um nível clinicamente significativo às 18-20 semanas, enquanto a triiodotironina (T3) fetal permanece baixa até às 30 semanas de gestação, altura em que começa a aumentar (Pescovitz *et al.*, 2004). A autossuficiência fetal de hormonas tiroideias protege o feto contra as anomalias do desenvolvimento cerebral causadas pelo hipotiroidismo materno (Zoeller, 2003). No entanto, os nascidos pré-termo podem sofrer perturbações do desenvolvimento neurológico devido à falta de hormonas tiroideias maternas, uma vez que a sua própria tiroide não está suficientemente desenvolvida para satisfazer as suas necessidades pós-natais (Berbel *et al.*, 2010).

Ao nível microscópico, existem três características primárias da tiroide (Fawcett *et al.*, 2002):

a)   Folículos

O folículo tireoidiano é a unidade estrutural e funcional da glândula tireoide, é um compartimento cístico aproximadamente esférico com parede formada por epitélio cuboidal simples ou colunar baixo, e esses folículos contêm uma massa semelhante a um gel chamada coloide (Ross e Pawlina, 2016). O coloide serve de reservatório de materiais para a produção de hormonas da tiroide e, em menor escala, actua como reservatório das próprias hormonas. Este coloide é rico numa proteína chamada tiroglobulina (Fawcett *et al.*, 2002).

b)   Células foliculares

Também chamados de células epiteliais da tiroide ou tirocitos, os folículos são rodeados por uma única camada de células epiteliais da tiroide, que segregam T3 e T4, mas quando a glândula não está a segregar T3\T4 (inativa), as células epiteliais variam de colunares baixas a cuboidais e, se estiverem activas, as células epiteliais tornam-se células colunares altas (Roshani *et al.*, 2013).

c)   Células parafoliculares

Também chamadas de células C, elas estão posicionadas na periferia do epitélio folicular e armazenadas dentro da lâmina basal do folículo, esta célula secreta calcitonina (Ross e Pawlina, 2016).

## 1-2-2 Função da glândula tiroide

A principal função da glândula tiroide é a síntese das hormonas metabólicas da tiroide, sendo as mais importantes a tiroxina (T4) e a triiodotironina (T3) (Roshani *et al.*, 2013). Estas hormonas podem afetar o organismo de várias formas (Hall e Guyton, 2011):

1- As hormonas da tiroide aumentam a transcrição de um grande número de genes através da ativação da transcrição nuclear. Por conseguinte, em praticamente todas as células do corpo, é sintetizado um grande número de enzimas proteicas, proteínas estruturais, proteínas de transporte e outras substâncias, pelo que o resultado claro é um aumento geral da ação funcional em todo o corpo (Braverman, 2003).

2- As hormonas da tiroide aumentam a atividade metabólica celular de praticamente todos os tecidos do corpo. O nível de utilização dos alimentos para obter energia é muito acelerado, embora a taxa de síntese proteica aumente ao mesmo tempo que a taxa de catabolismo proteico aumenta. O nível de crescimento dos jovens é acelerado de forma importante. Os processos racionais são estimulados e as actividades da maioria das outras glândulas endócrinas aumentam (Brant, 2010).

3- As hormonas da tiroide aumentam o número e a atividade das mitocôndrias, o que, por sua vez, aumenta o nível de formação do trifosfato de adenosina (ATP) para energizar a função celular. Além disso, as hormonas da tiroide aumentam o transporte ativo de iões através das membranas celulares como a enzima Na-K-ATPase (Braverman, 2003).

4- As hormonas da tiroide têm um efeito no crescimento, especialmente nas crianças em crescimento, e um efeito importante é o de estimular o crescimento e a expansão do cérebro durante a vida fetal e nos primeiros anos da vida pós-natal (Parangi e phitayakorn, 2011).

5- As hormonas tiroideias têm efeitos em mecanismos corporais específicos como: estimulam o metabolismo dos hidratos de carbono, estimulam o metabolismo das gorduras, têm efeitos nas gorduras plasmáticas e hepáticas, aumentam as necessidades de vitaminas, aumentam a taxa metabólica basal e têm efeitos no peso corporal (Goodman, 2003).

6- As hormonas tiroideias têm um efeito no sistema cardiovascular através de: aumento do fluxo sanguíneo e do débito cardíaco, aumento da frequência cardíaca, aumento da força cardíaca e manutenção da pressão arterial numa taxa normal (Iervasi e Pingitore, 2009).

7- O efeito das hormonas da tiroide na respiração, na motilidade gastrointestinal, no sistema nervoso central, na função dos músculos, nos tremores musculares, para além do efeito no sono (Barrett e Ganong, 2010).

8- As hormonas da tiroide também têm efeito noutras glândulas endócrinas, uma vez que o aumento da hormona da tiroide aumenta as taxas de secreção da maioria das outras glândulas endócrinas, mas também aumenta a necessidade dos tecidos de hormonas (Ganong, 2005).

9- Efeito das hormonas da tiroide na função sexual para uma função sexual normal. A secreção tiroideia tem de ser aproximadamente normal, mas a ação das hormonas tiroideias sobre as gónadas não pode ser atribuída a uma função definida, mas provavelmente resulta de uma combinação de efeitos metabólicos directos sobre as gónadas. Além de efeitos de feedback excitatórios e inibitórios que operam através das hormonas da pituitária anterior que controlam a função sexual (Hall e Guyton, 2011).

10- Os efeitos da hormona tiroideia (calcitonina) sobre a taxa de cálcio no organismo, onde ajuda a reduzir os níveis de cálcio no sangue através da inibição da reabsorção óssea pelos osteoclastos (Gartner, *et al.*, 2003).

## 1-2-3 Hormonas da tiroide

A glândula tiroide produz duas hormonas metabólicas da tiroide (T3 e T4) e a hormona reguladora do cálcio (calcitonina) (Ross e Pawlina, 2016).

A tiroxina e a triiodotironina são hormonas muito comparáveis que têm números diferentes de moléculas de iodo, a tiroxina tem quatro moléculas de iodo e a triiodotironina tem três (Goodenough e McGuire, 2012). A glândula tiroide produz muito mais T4 do que T3; são produzidas numa proporção de 20% para 80%; no entanto, sabe-se que a T3 é 5-7 vezes mais forte do que a T4 na sua ação (Cabot e Jasinska, 2006) (Fig. 1.2).

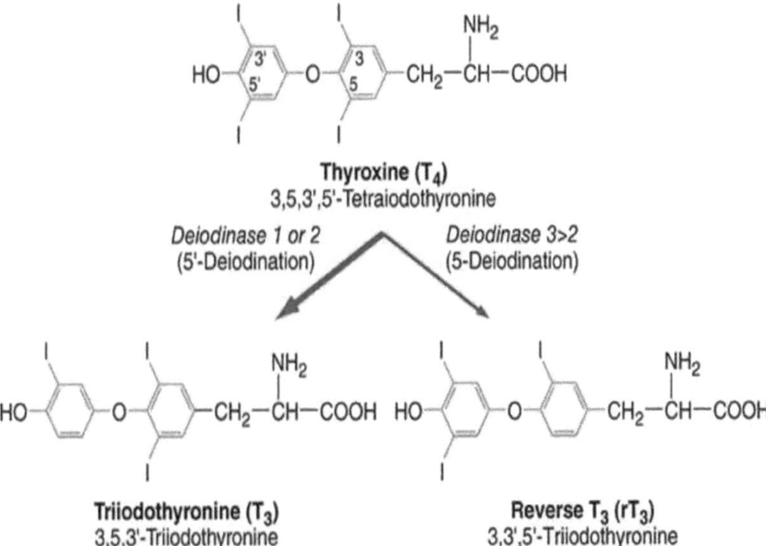


**Fig (1.2):** Estruturas das hormonas da tiroide, a T4 é constituída por quatro átomos de iodo, a desiodação leva à produção da hormona potente T3 ou da hormona inativa T3 reversa (Amdur e Mazzaferri, 2005).

A T3 e a T4 são segregadas pelos folículos da tiroide, mas quase todas as hormonas da tiroide são segregadas como T4 e são convertidas em T3 através do processo de desiodação nos tecidos periféricos (Kendall e Smith, 2006) (Fig. 1.3).

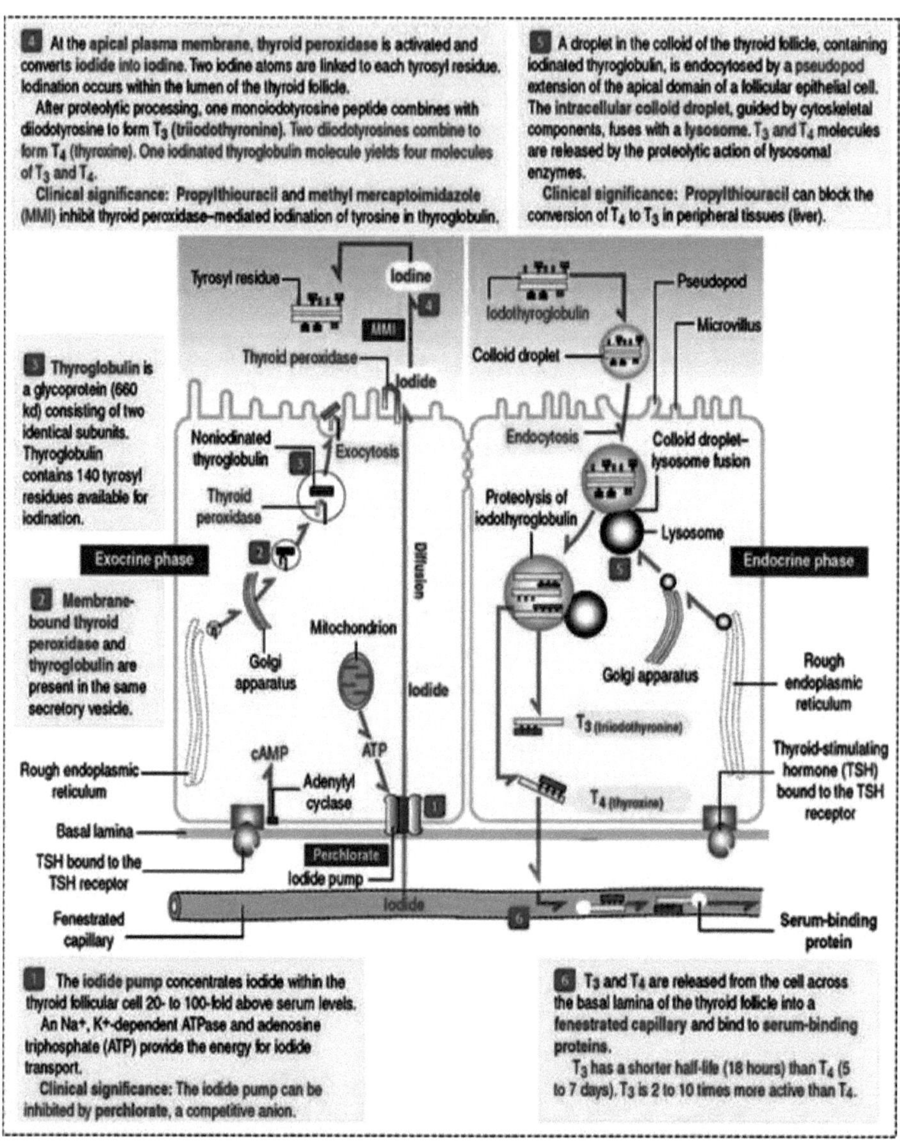



**Fig (1.3):** Síntese e secreção das hormonas tiroideias T3 e T4 (Kierszenbaum e Tres, 2012).

Para produzir T3 e T4, a glândula tiroide necessita ativamente de iodo (Walker-Esbaugh et al. 2004). A concentração de iodo na glândula tiroide pode aumentar até 25 vezes a do sangue (Mader e Windelspecht, 2012).

Após a síntese das hormonas tiroideias, cada molécula de tiroglobulina contém até 30 moléculas de tiroxina e algumas moléculas de triiodotironina (Guyton e Hall, 2006). As hormonas da tiroide aumentam a taxa metabólica e não têm um único órgão-alvo; em vez disso, estimulam todas as células do corpo a metabolizar a um ritmo mais rápido, mais glicose é decomposta e mais energia é utilizada (Lougenbaker, 2011).

A calcitonina é a outra hormona principal da glândula tiroide e é produzida pelas células parafoliculares (Goodenough e McGuire, 2012). A calcitonina é libertada diretamente no tecido conjuntivo na vizinhança imediata dos capilares (Gartner *et al.*, 2013). Tem um papel importante na regulação dos níveis de cálcio no sangue, uma hormona segregada pela glândula tiroide quando o nível de cálcio no sangue aumenta (Lougenbaker, 2011). A calcitonina diminui a taxa de reabsorção óssea ao inibir a atividade dos osteoclastos. Também estimula a absorção de cálcio pelo osso, e estas duas acções fazem pender o equilíbrio normal da deposição/reabsorção óssea para a deposição, o que, com o tempo, aumenta a massa óssea (Kierszenbaum e Tres, 2016). A calcitonina é particularmente importante para o crescimento e o desenvolvimento do osso nas crianças; nos adultos, a calcitonina não é essencial para a regulação normal da concentração de cálcio no sangue (Johnson, 2012).

## 1-2-4 Regulação da secreção das hormonas da tiroide

Para manter os níveis normais de atividade metabólica no organismo, é necessário ocultar permanentemente a quantidade exacta de hormonas tiroideias; para tal, mecanismos de resposta específicos operam através do hipotálamo e da hipófise anterior para controlar a taxa de secreção de hormonas tiroideias (Guyton e Hall, 2006).

A produção de hormonas tiroideias é regulada pela tirotropina (hormona estimulante da tiroide TSH), uma glicoproteína libertada pela célula tirotrófica da pituitária anterior (Roshni *et al.*, 2013). A tiroide e os tirótropos formam um ciclo de feedback negativo, a secreção de TSH é suprimida quando os níveis de tiroxina são elevados (Dietrich, 2002). Os tirótropos, responsáveis pela secreção e regulação da TSH, são controlados, por sua vez, por uma hormona tripeptídica denominada hormona libertadora de tirotropina (TRH), que é segregada por uma terminação nervosa na eminência mediana do hipotálamo (Kendall e Smith, 2006). Para além da TRH, a GHIH (somatostatina) é outra hormona hipotalâmica que modula a atividade da TSH, inibindo a sua secreção (Arjona *et al.*, 2011).

Se os níveis plasmáticos das hormonas tiroideias se tornarem baixos, o hipotálamo e a glândula pituitária detectam esse facto e a TRH é libertada a partir do hipotálamo (Cabot e Jasinska, 2006).

Isto estimula a pituitária anterior a segregar TSH, que por sua vez dá o sinal à glândula tiroide para libertar as hormonas tiróideas T3 e T4 (Chiamolera e Wondisford, 2009). Isto faz com que os níveis sanguíneos das hormonas da tiroide voltem ao normal, o que, por sua vez, envia um sinal à hipófise e ao hipotálamo, suprimindo a secreção adicional de TSH e TRH (Silver e Tam, 2002).

O aumento da hormona tiroideia no sangue diminui a secreção de TSH pela pituitária anterior, quando a taxa de secreção da hormona tiroideia aumenta para cerca de 1,75 vezes o normal, a proporção de secreção de TSH cai principalmente para zero (Guyton e Hall, 2016). Quase todo este efeito depressor do feedback ocorre mesmo quando a hipófise anterior foi separada do hipotálamo; por conseguinte, é provável que o aumento da hormona tiroideia iniba a secreção interna de TSH na hipófise, principalmente através de um efeito direto na própria hipófise anterior (Chiamolera e Wondisford, 2009). Independentemente do mecanismo de feedback, o seu efeito é manter uma concentração quase constante de hormonas tiroideias livres nos fluidos corporais circulantes (Cabot e Jasinska, 2006) (Fig. 1.4).

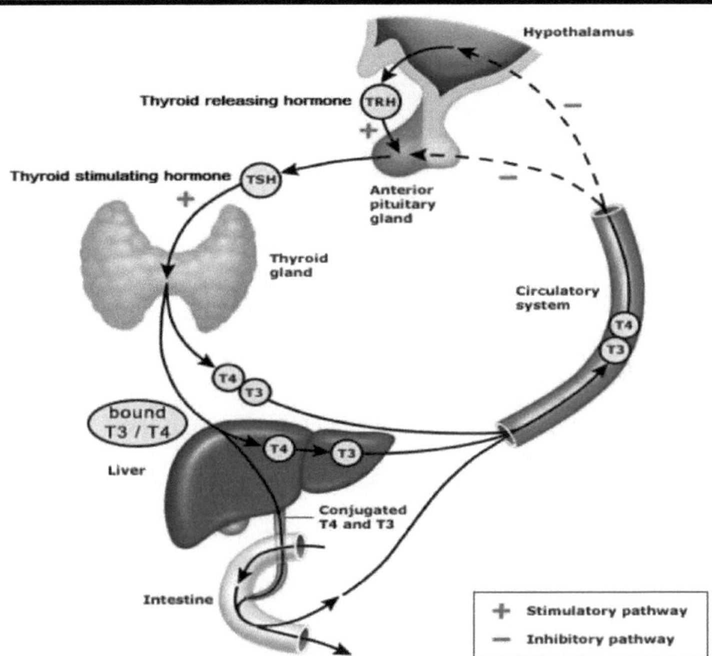


**Fig (1.4):** Regulação da síntese da hormona tiroideia: A hormona libertadora de tirotropina (TRH) aumenta a secreção de tirotropina (TSH), que estimula a síntese e a secreção de triiodotironina (T3) e tiroxina (T4) pela glândula tiroide. A T3 e a T4 inibem a secreção de TSH, tanto direta como indiretamente, suprimindo a libertação de TRH. A T4 é convertida em T3 no fígado e em muitos outros tecidos por ação das monodeiodinases de T4. Parte da T4 e da T3 é conjugada com glucuronido e sulfato no fígado, excretada na bílis e parcialmente hidrolisada no intestino. Alguns T4 e T3 formados no intestino podem ser reabsorvidos (Waugh *et al.*, 2001).

## 1-2-5 Perturbações da tiroide

As doenças da glândula tiroide estão entre as doenças endócrinas mais comuns, a glândula tiroide está infetada com uma vasta gama de doenças, as suas causas variam, mas em todos os casos podem levar ao aumento da produção de hormonas da tiroide ou à diminuição da produção, o que representa o eixo da função da tiroide no organismo (Braverman, 2003).

## 1-2-5-1 Tiroidite

A tiroidite é um espetro de doenças causadas por um processo inflamatório com subsequente libertação de hormonas da tiroide armazenadas. Na maioria dos casos, a fase inicial de hipertiroidismo pode progredir para hipotiroidismo antes de a função tiroideia voltar ao normal (Heymann, 2008). Geralmente, a tiroidite é causada por um ataque à tiroide, resultando em inflamação e danos nas células da tiroide, esta doença é muitas vezes considerada um mau funcionamento do sistema imunitário, sendo que os tipos de tiroidite mais causadores são os anticorpos que atacam a tiroide (Takami *et al.*, 2008). Também pode ser causada por uma infeção, como um vírus ou uma bactéria, que funcionam da mesma forma que os anticorpos para causar inflamação nas glândulas e, em alguns casos, os medicamentos podem causar tiroidite porque têm tendência para danificar as células da tiroide (Nystr m, 2011).

A tiroidite inclui um grupo de doenças individuais que produzem inflamação da tiroide, mas que se apresentam de formas diferentes. Por exemplo: A tiroidite de Hashimoto é a causa mais comum de hipotiroidismo, a tiroidite pós-parto, que provoca uma tirotoxicose temporária seguida de hipotiroidismo temporário, é uma causa comum de problemas da tiroide após o parto, a tiroidite subaguda é a principal causa de dor na tiroide, a tiroidite também pode ser observada em doentes que tomam medicamentos como o Interferão e a Amiodarona (Braverman, 2003).

O sistema imunitário é um guardião contra as infecções e as células especializadas atacam as bactérias e os vírus; em alguns casos, o sistema imunitário começa a atacar os próprios tecidos do corpo (Lewis, 2009). O sistema imunitário pode ser específico de um órgão, como a tiroide, ou pode fazer parte de um complexo de outros distúrbios chamado doença autoimune, em que a maioria dos doentes, no início, pode não notar quaisquer problemas, mas após algum tempo as células imunitárias atacam e causam alterações estruturais e funcionais na tiroide (Parangi e phitayakorn, 2011). Nalguns casos, as células imunitárias produzem proteínas especiais chamadas anticorpos que atacam e destroem o tecido da tiroide, fazendo com que esta se queime e deixe de funcionar normalmente, mas noutros casos, os anticorpos podem ter o efeito oposto e estimular a tiroide, provocando uma produção excessiva de hormona tiroideia (Pociot, 2004).

A tiroidite de Hashimoto é o tipo mais comum de tiroidite, tendo-se caracterizado como uma forma de tiroidite crónica autoimune (DeRuiter, 2002). Na doença de Hashimoto, os anticorpos reagem contra as proteínas da tiroide, causando a destruição gradual da própria glândula (Shomon, 2006). A tiroidite de Hashimoto está frequentemente associada ao hipotiroidismo, que é uma doença em que a glândula tiroide produz quantidades de hormonas tiróideas insuficientes para satisfazer as necessidades dos tecidos periféricos (Cooper, 2008). Os sintomas da doença de Hashimoto não se notam no início, por vezes há uma ligeira pressão na parte da frente do pescoço e a fadiga pode instalar-se, mas a não ser que se procure a doença da tiroide, muitas vezes porque algum outro membro da família pode tê-la tido (Brams, 2005). A doença de Hashimoto pode passar despercebida durante anos, e só quando as células da tiroide são danificadas ao ponto de a glândula tiroide produzir muito pouca hormona tiroide é que se começam a sentir os sintomas de hipotiroidismo (Ain e Rosenthal, 2011).

A tiroidite granulomatosa subaguda ou tiroidite de Quervain é uma forma de tiroidite e é a segunda causa mais comum de hipotiroidismo. Ocorre quando o sistema imunitário do próprio corpo ataca a tiroide e provoca a libertação de demasiada hormona tiroideia, por vezes devido a uma infeção na tiroide e outras vezes devido a medicamentos específicos que a pessoa possa estar a tomar (Parangi e Phitayakorn, 2011). A tiroidite subaguda é provavelmente causada por uma infeção viral da glândula tiroide e, normalmente, provoca febre e dores no pescoço, na mandíbula ou no ouvido, podendo também causar tirotoxicose, levando a sintomas de uma glândula tiroide hiperactiva (hipertiroidismo) (Williams e Larsen, 2003).

A tiroidite silenciosa, também conhecida como tiroidite indolor, porque é uma inflamação indolor da tiroide que surge sem aviso prévio e se manifesta discretamente (Garber e White, 2005). É difícil de diagnosticar e muitas vezes evita a deteção até os sintomas se tornarem suficientemente graves (Cooper, 2001).

A tiroidite pós-parto é uma síndrome de disfunção transitória ou permanente da tiroide que ocorre no primeiro ano após o parto e que se baseia numa inflamação autoimune da tiroide (Muller *et al.*, 2001). Esta doença pode causar tirotoxicose transitória seguida de hipotiroidismo ou apenas hipotiroidismo. Em geral, a tiroidite é autolimitada e a função tiroideia normal regressa, embora possa ocorrer hipotiroidismo permanente (Hall e Nieman, 2003).

Existem outros tipos de tiroidite, alguns dos quais podem ser raros, como a tiroidite de Riedel, que é a forma mais rara de tiroidite. Nesta doença, a glândula tiroide é infiltrada por tecido cicatricial em toda a glândula que a liga às partes circundantes do pescoço, pelo que a tiroide fica sensível e muito dura (Rosenthal, 2009). A tiroidite aguda é também uma doença infecciosa rara da tiroide causada pela invasão da tiroide por bactérias, micobactérias, protozoários, fungos ou vermes, pelo que é mais frequente em doentes imunocomprometidos (Ali e Cibas, 2010). Além disso, a tiroidite que pode ocorrer devido a fármacos ou radiação e tanto a tirotoxicose como o hipotiroidismo podem ser observados nestas doenças, sendo a tirotoxicose geralmente de curta duração (Mazzaferri, 2006). O hipotiroidismo induzido por fármacos resolve-se frequentemente com a interrupção do fármaco, ao passo que o hipotiroidismo relacionado com a tiroidite por radiação é geralmente permanente e pode causar sintomas de uma glândula tiroide hipoactiva que terá de ser gerida com um tratamento de substituição da hormona tiroide ao longo da vida (Cooper, 2008).

## 1-2-5-2 Hiperplasia

A hiperplasia da tiroide é um aumento das glândulas tiróides devido a uma proliferação anormal das células epiteliais que revestem os folículos, mas não devido à formação de um tumor (Collin, 2005). A hiperplasia é diferente da hipertrofia na medida em que a alteração celular adaptativa na hipertrofia é um aumento do tamanho das células, enquanto a hiperplasia envolve um aumento do número de células (Sembulingam e Sembulingam, 2010). A hiperplasia também pode ser causada pela sinalização hormonal ou por um aumento da carga de trabalho e, como algumas das mesmas condições causam tanto a hiperplasia como a hipertrofia, são frequentemente observadas em conjunto (Braun e Anderson, 2007).

Várias condições associadas a danos na glândula tiroide resultam em hiperplasia. A mais comum é a deficiência de iodo na dieta, além disso, substâncias chamadas agentes goitrogénicos, que interferem com a produção normal de tiroxina pelas glândulas tiroide, também podem resultar na doença (Mondal *et al.*, 2016). Um nível inadequado de iodo na dieta leva a uma falta de iodo disponível nas glândulas tiroide, o iodo é necessário para a criação de tiroxina, por isso, quando há baixos níveis de tiroxina na corrente sanguínea, o cérebro envia sinais para as glândulas tiroide causando uma proliferação de células epiteliais foliculares, estas células são responsáveis pela produção de tiroxina (Obreg n *et al.*, 2010). A hiperplasia da glândula tiroide é a resposta à necessidade do organismo de produzir mais tiroxina. Com a deficiência sustentada de iodo, os sinais continuam a estimular a proliferação das células epiteliais e a produzir o aumento da tiroide (Zachary e Mcgavin, 2012). Os elementos goitrogénicos actuam bloqueando a produção de tiroxina, apesar de estarem presentes níveis adequados de iodo e de os sinais clínicos e as lesões serem semelhantes aos descritos para a deficiência de iodo (Bajaj *et al.*, 2016). Os principais tipos de distúrbios hiperplásicos da tiroide são: doença de Graves difusa e hiperplasia nodular (Heilo *et al.*, 2011).

A doença de Graves ou hiperplasia difusa é uma forma de hipertiroidismo que é causada pela ativação de anticorpos; estes anticorpos podem desenvolver-se para vários antigénios possíveis (Bolander, 2004). O hipertiroidismo é a síndrome clínica que resulta quando os tecidos são expostos a níveis elevados de hormonas tiroideias circulantes, o que se deve, na maioria dos casos, à hiperatividade da glândula tiroide ou, por vezes, a outras causas, como a ingestão excessiva de hormonas tiroideias ou a secreção excessiva de hormonas tiroideias a partir de locais ectópicos (Oertli e Udelsman, 2007). A doença de Graves é a segunda doença autoimune mais comum, a seguir à tiroidite de Hashimoto, sendo única entre as doenças auto-imunes pelo facto de o tecido alvo ser estimulado pela resposta imunitária, em vez de ser progressivamente destruído por ela (Weetman, 2008). A apresentação desta doença varia com a idade; os doentes mais jovens manifestam nervosismo, perda de peso, ansiedade, ansiedade pelo calor, intolerância ao calor, hiper-defecação, incapacidade de concentração e tremores, enquanto os doentes mais velhos podem manifestar poucos ou nenhuns destes sintomas típicos (Cooper, 2008). Um aspeto interessante da doença de Graves é a sua associação com a oftalmopatia, que pode causar lacrimejo, ardor, comichão, proptose, visão dupla e, raramente, deficiência visual (Bahn, 2010).

A hiperplasia nodular é um nódulo ou massa na glândula tiroide e é a mais comum das doenças da tiroide (Clark e Faquin, 2010). A tiroide contém apenas um nódulo, o chamado nódulo solitário da tiroide ou bócio uninodular, ou vários nódulos, o chamado bócio multinodular (Cooper, 2008). Os nódulos da tiroide podem ser sólidos se forem constituídos por células da tiroide ou outras células ou por uma acumulação de hormona da tiroide armazenada, denominada coloide. Quando os nódulos contêm líquido, são denominados nódulos quísticos e estes nódulos quísticos podem ser quistos simples, completamente cheios de líquido, ou quistos complexos, parcialmente sólidos e parcialmente líquidos (Rubin e Resiner, 2009).Os nódulos da tiroide variam muito em tamanho, muitos são suficientemente grandes para serem vistos e sentidos como nódulos palpáveis, alguns bócios multinodulares podem tornar-se enormes, sobressaindo do pescoço e sobre as clavículas ou estendendo-se até ao tórax por trás do esterno, uma condição denominada bócio subesternal. No outro extremo do espetro, a maioria dos nódulos da tiroide é demasiado pequena para ser vista ou sentida, sendo designada por nódulos não palpáveis (Lifshiz, 2003). A causa da maioria dos nódulos da tiroide não é conhecida, mas a deficiência grave de iodo pode provocar nódulos (Dudek, 2000).

## 1-2-5-3 Neoplasias da tiroide

Uma neoplasia é um novo crescimento composto por células, originalmente derivadas de tecidos normais, que sofreram alterações genéticas hereditárias que lhes permitiram deixar de responder aos controlos normais de crescimento e crescer para além dos seus limites anatómicos normais (Zachary e Mcgavin, 2012). As neoplasias da tiroide podem ser benignas ou malignas (Draznin, 2005).

## 1-2-5-3-1 Neoplasia benigna

Uma neoplasia benigna é uma massa anormal de tecido que é rodeada por uma cápsula de tecido conjuntivo e que normalmente permanece no local onde se forma (Arora *et al.*, 2010). As células benignas não invadem o tecido circundante nem se espalham para locais distantes, embora possam crescer e cresçam, pelo que os tumores benignos são designados por não cancerosos (Rubin e Resiner, 2009). Além disso, as neoplasias benignas têm geralmente uma taxa de crescimento mais lenta do que as neoplasias malignas e as células são normalmente mais diferenciadas, não se reproduzem de forma selvagem e não interferem com a função normal da tiroide (Rosenthal, 2005). Na maioria dos casos, uma neoplasia benigna não ameaça a vida, porque pode ser totalmente removida por cirurgia, mas por vezes pode ser prejudicial quando pressiona os tecidos próximos o suficiente para interferir com as funções normais desses tecidos (Waugh *et al.*, 2001). Os tipos mais comuns de neoplasias benignas da tiroide são: o adenoma folicular e o adenoma de células de Hürthle (Saleh *et al.*, 2010).

O adenoma folicular é um tumor encapsulado benigno com diferenciação de células foliculares; a cápsula fibrosa varia em espessura, mas é geralmente fina (Chan, 2002; Vasko *et al.*, 2004). Os adenomas foliculares são tumores solitários com uma superfície de corte sólida e homogénea; o seu tamanho é muito variável, indo de 1 cm a mais de 10 cm (Baloch e Livolsi, 2002). A maioria dos doentes com adenoma folicular é clínica e bioquimicamente eutiroideia e cerca de 1% dos adenomas foliculares são adenomas tóxicos, que são uma causa de hipertiroidismo sintomático que, normalmente, não ocorre até o adenoma folicular funcional ter 3 cm de tamanho (McHeury e Phitayakorn, 2011).

O adenoma de células de Hürthle é uma forma rara de doença benigna da tiroide, frequentemente caracterizada por uma massa de células de Hürthle (Kochummen *et al.*, 2016). As células de Hürthle surgem do epitélio folicular, mas são maiores do que uma célula folicular (Cannon, 2011). Estas células são frequentemente benignas, mas têm o potencial para se tornarem carcinomas e metastizarem (Maizlin *et al.*, 2008).

As células de Hürthle são resistentes ao tratamento com radiação, pelo que é difícil tratar as recorrências, mas podem ser preservadas através do tratamento com iodo radioativo (Sarhan, 2015).

## 1-2-5-3-2 Neoplasia maligna

As neoplasias malignas são vulgarmente designadas por cancro. O cancro é uma doença em que as células começam a crescer e a dividir-se de forma descontrolada (Martini *et al.*, 2012). As células normais produzem e dividem-se para formar novas células à medida que o corpo precisa delas. Quando as células normais envelhecem ou são danificadas, morrem e novas células tomam o seu lugar, mas por vezes este processo corre mal, em vez de morrerem, as células cancerosas continuam a crescer e a formar novas células anormais (Casciato e Territo, 2009). As células cancerígenas desenvolvem-se devido a danos no ADN, onde normalmente o corpo, em casos normais, é capaz de os reparar, mas nas células cancerígenas os danos não são reparados, o que leva ao mau funcionamento dos genes que controlam a reprodução, o crescimento, a diferenciação e a morte das células (Mader 2010). As células cancerosas deslocam-se para outras partes do corpo, onde crescem e substituem o tecido normal; este processo é designado por metástase (Balducci e Extermann, 2005).

O cancro da tiroide é o tumor endócrino maligno mais comum (Poston *et al.*, 2007). As mulheres são mais propensas a desenvolver o cancro da tiroide do que os homens, numa proporção de 3:1; não se sabe bem porquê, mas pode ser resultado das alterações hormonais associadas ao sistema reprodutor feminino (Lyman *et al.*, 2015).O cancro da tiroide pode ocorrer em qualquer faixa etária, e a sua agressividade aumenta significativamente em doentes mais velhos (Wartofsky e Nostround, 2006).

A tiroide contém dois tipos de células hormonalmente activas: as células foliculares e as células C, que se encontram adjacentes às células foliculares no tecido conjuntivo e constituem cerca de 1-2% do parênquima da glândula (Porth e Porth, 2007). Uma neoplasia maligna da tiroide é normalmente derivada de um destes dois tipos de células e, raramente, o tumor é um linfoma ou uma metástase de um tumor primário extratiroideu (Nystr m, 2011). Existem alguns tipos diferentes de neoplasia maligna da tiroide, que são classificados com base no seu aspeto histológico, sendo os mais importantes (McDougall e Berry, 2006):

## 1- Carcinoma papilar da tiroide (PTC)

O carcinoma papilar é o tipo mais comum de neoplasia maligna da tiroide, representando cerca de 70 a 80% de todos os cancros da tiroide (Clark e Faquin, 2010). O carcinoma papilar tem um crescimento lento, desenvolve-se a partir de células foliculares e pode desenvolver-se num ou em ambos os lobos da glândula tiroide (Vokes e Golomb, 2003). O carcinoma papilar da tiroide é um cancro diferenciado da tiroide, o que significa que as células tumorais podem assemelhar-se ao tecido normal da tiroide (Nix *et al.*, 2005). Este tipo de cancro pode disseminar-se para os gânglios linfáticos próximos no pescoço; as metástases à distância são pouco frequentes, mas quando ocorrem o pulmão e o osso são os locais mais comuns (Cooper, 2001).

## 2- Carcinoma folicular da tiroide (FTC)

O carcinoma folicular é o segundo tipo mais comum de cancro da tiroide, representando cerca de 1015% de todos os cancros da tiroide (Clark e Faquin, 2005). Este tipo de cancro da tiroide desenvolve-se a partir das células foliculares e, normalmente, cresce de forma lenta, além de que este tipo de cancro da tiroide também é diferenciado (Cooper, 2001). O carcinoma folicular da tiroide é considerado mais agressivo do que o carcinoma papilar (Vokes e Golomb, 2003). A invasão vascular é caraterística do carcinoma folicular e, por conseguinte, as metástases à distância são mais comuns, nomeadamente nos pulmões e nos ossos (Chan, 2002). Os carcinomas foliculares não se propagam normalmente para os gânglios linfáticos próximos (Thyca, 2011).

## 3- Carcinoma medular da tiroide (MTC)

O carcinoma medular é um tipo raro de cancro da tiroide, representando cerca de 5-

10% de todos os cancros da tiroide (Arora *et al.*, 2010). Este tipo de carcinoma surge a partir das células C parafoliculares, que produzem a hormona calcitonina, e é mais agressivo do que os cancros papilares ou foliculares (Draznin, 2005). As causas do carcinoma medular da tiroide podem desenvolver-se esporadicamente ou devido a uma mutação genética hereditária (Vokes e Golomb, 2003). Este cancro tem maior probabilidade de se espalhar para os gânglios linfáticos e para outros órgãos distantes (Clark e Faquin, 2005).

**4-    Carcinoma anaplásico da tiroide (ATC)**

O carcinoma anaplásico é uma neoplasia maligna da tiroide muito rara e representa apenas 1-2% de todos os cancros da tiroide (Are e Shaha, 2006). Este cancro surge a partir das células foliculares da glândula tiroide, mas não retém nenhuma das características biológicas das células originais (Clark e Faquin, 2010). O carcinoma anaplásico da tiroide é um dos cancros mais agressivos do ser humano, sendo frequentemente letal em menos de um ano devido ao crescimento local agressivo e ao comprometimento das estruturas vitais do pescoço. A duração média da sobrevivência é de 5 a 6 meses a partir do momento do diagnóstico, sendo raros os sobreviventes a

longo prazo (Nobuhara *et al.*, 2005).

**5-    Carcinoma de células de Hürthle**

O carcinoma de células de Hürthle é classificado com o carcinoma folicular, embora seja realmente um tipo distinto de tumor, constituindo cerca de 3% de todos os casos de cancro da tiroide (Clark e Faquin, 2005). Este tipo de carcinoma tem um comportamento mais agressivo do que os outros cancros diferenciados da tiroide, não tende a espalhar-se para os gânglios linfáticos, mas pode voltar a brotar no mesmo local ou espalhar-se para outras partes do corpo, como o pulmão ou o osso (Sandoval e Paz-Pacheco, 2011).

**6-    Carcinoma mucoepidermóide**

O carcinoma mucoepidermóide é um tumor primário raro da tiroide, que representa aproximadamente 0,5% das neoplasias malignas da tiroide (Braunstein, 2012). Este cancro é composto por massas sólidas de células escamóides com pérolas de queratina e quistos que se misturam com células glandulares mucinosas células intermédias rodeadas por um estroma fibroso (Baloch *et al.*, 2000). O carcinoma mucoepidermóide é considerado um tumor indolente de baixo grau, apesar das metástases linfonodais cervicais relativamente comuns (Shindo *et al.*, 2012).

**7- Linfoma da tiroide**

O linfoma da tiroide é uma doença muito rara que representa 1-2% de todos os cancros da tiroide (Sakorafas *et al.*, 2010). O linfoma da tiroide é, na realidade, um cancro dos glóbulos brancos que se encontra no interior da glândula tiroide (Braunstein, 2012). O tipo histológico mais comum é o linfoma não-Hodgkin e a maioria destes linfomas são de grau intermitente a elevado e têm padrões de crescimento rápido (Clark e Faquin, 2005). Este tipo de carcinoma tende a não invadir o exterior da tiroide como os outros cancros da tiroide (Parangi e Phitayakorn, 2011).

## 1-2-5-4 Sinais e sintomas de neoplasia maligna da tiroide

A neoplasia maligna da tiroide nem sempre apresenta sintomas; é normalmente descoberta durante a avaliação de um nódulo da tiroide (Casciato e Territo, 2009). Além disso, por vezes é encontrada após a descoberta de um tumor noutro local do corpo, como nos pulmões ou num osso, sendo que a biopsia desse tumor acaba por apontar a tiroide como a origem do cancro (Molitch, 2002).

Muitas vezes, os sinais não são tão óbvios, mas podem incluir (Perros, 2014):

• Um nódulo duro e indolor em qualquer parte do pescoço; este é o primeiro sinal mais comum de neoplasia maligna da tiroide.

• Um nódulo da tiroide que continua a aumentar.

• Dificuldade em engolir alimentos ou líquidos.

• Alteração da voz ou rouquidão, o que pode indicar que a neoplasia maligna está a espalhar-se para além da glândula tiroide.

- Dor nos tecidos do pescoço, no maxilar ou, por vezes, até aos ouvidos.

- Uma tosse constante que não se deve a uma constipação.

- A apneia do sono, uma perturbação do sono que se caracteriza por uma interrupção da respiração, que surge subitamente; é muito rara, mas por vezes pode acontecer porque o crescimento de um tumor da tiroide provoca dificuldade em respirar.

## 1-2-5-5 Diagnóstico de neoplasia maligna da tiroide

Os nódulos da tiroide estão presentes em 4-6% da população em geral e numa percentagem mais elevada de indivíduos que foram submetidos a irradiação na região da cabeça e do pescoço (McDougall e Berry, 2006). O exame físico deve ser completo, mas deve centrar-se na tiroide e nos nódulos circundantes, devendo também ser obtidos testes bioquímicos da função tiroideia, incluindo TSH e T4 (Casciato e Territo, 2009). O diagnóstico por imagem pode incluir a ecografia (US), que diferenciará os quistos das lesões sólidas; no entanto, a ecografia não consegue distinguir de forma fiável as lesões sólidas benignas das malignas (Nguyen *et al.*, 2015).

A ecografia isotópica com iodo radioativo ($I^{131}$ ou $I^{125}$ ) ou 99 mTc-pertecnetato era anteriormente popular (Krag, 2000). Os nódulos quentes são quase sempre benignos, mas a maior parte dos nódulos são frios e a maior parte dos nódulos frios também são benignos, pelo que nem a ecografia nem a análise isotópica podem excluir ou confirmar de forma fiável a presença de neoplasia maligna da tiroide (Amdur e Mazzaferri, 2005). A aspiração por agulha fina (PAAF) com interpretação por um citologista experiente é o procedimento de escolha para a avaliação inicial de um nódulo da tiroide e os resultados serão caracterizados como benignos, suspeitos, malignos ou inadequados (Krag, 2000).

Os doentes com citologia benigna podem ser observados com segurança, sendo a cirurgia reservada para os nódulos que crescem, assim como os doentes com citologia suspeita ou maligna também necessitam de cirurgia para remover uma neoplasia (Nguyen *et al.*, 2015). A principal desvantagem da citologia de PAAF é a incapacidade de diferenciar o adenoma folicular do carcinoma folicular, o que requer um estudo histológico; por conseguinte, os doentes com um diagnóstico de neoplasia folicular na citologia de PAAF têm um resultado suspeito e requerem intervenção cirúrgica (Cooper, 2001).

## 1-2-5-6 Tratamento da neoplasia maligna da tiroide

A maioria das neoplasias malignas da tiroide pode ser curada, especialmente se não se tiverem espalhado para partes distantes do corpo (Toft, 2006). Se o cancro não puder ser curado, o objetivo do tratamento pode ser erradicar ou destruir o máximo possível do cancro e evitar que cresça, se espalhe ou regresse durante o máximo de tempo possível (Perros, 2014). Por vezes, a conduta tem como objetivo paliar (aliviar) sintomas como a dor ou problemas de respiração e deglutição (Karnath *et al.*, 2006).

As decisões de tratamento da neoplasia maligna da tiroide baseiam-se no tipo de neoplasia maligna da tiroide, no estádio, no grau (bem diferenciado ou pouco diferenciado), na idade da pessoa e no seu estado geral de saúde e nas opções de tratamento da neoplasia maligna da tiroide (Cooper, 2008).

As opções de tratamento para a neoplasia maligna da tiroide podem incluir:

1) Cirurgia: quase sempre utilizada para tratar a neoplasia maligna da tiroide, é feita para remover parte ou a totalidade da glândula tiroide e, normalmente, alguns gânglios linfáticos à volta da glândula tiroide (Nguyen *et al.*, 2015).

2) Terapêutica com iodo radioativo (RAI, $I^{131}$): uma forma de radioterapia que fornece radiação diretamente às células cancerígenas da tiroide e é normalmente utilizada após a cirurgia para tumores de um tamanho específico, para tratar o cancro papilar ou folicular da tiroide, mas não é utilizada para tratar os cancros medulares ou anaplásicos da tiroide, uma vez que estes cancros não absorvem o iodo (Rosenthal, 2004).

3) Terapêutica hormonal: utilizada para suprimir a secreção da hormona estimulante da tiroide (TSH) para evitar a recidiva do cancro, também utilizada para repor a

hormona da tiroide e gerir os sintomas de hipotiroidismo causados pela remoção da glândula tiroide (Cooper, 2008).

4) Radioterapia de feixe externo: pode ser administrada após a cirurgia se a $I^{131}$ não for uma opção ou pode ser administrada após a cirurgia e a $I^{131}$ para destruir quaisquer células cancerígenas que não tenham absorvido o iodo radioativo, também pode ser utilizada para tratar tumores anaplásicos da tiroide ou outros tumores que não possam ser removidos cirurgicamente e pode ser utilizada para aliviar os sintomas da doença metastática e melhorar a qualidade de vida (Nguyen *et al.*, 2015).

5) Quimioterapia: não é habitualmente utilizada para tratar o cancro da tiroide papilar ou folicular, exceto em casos ocasionais em que o cancro se espalhou e não responde à $I^{131}$ . A maioria dos doentes com cancro da tiroide bem diferenciado não necessitará de quimioterapia, sendo este tipo mais utilizado para tratar o cancro da tiroide anaplásico que frequentemente se espalhou no momento do diagnóstico e não pode ser medido com radioterapia (Nguyen *et al.*, 2015).

6) Terapia biológica: pode ser utilizada para medir o cancro medular da tiroide avançado e metastático, ou pode ser administrada a pessoas com cancro medular da tiroide que não podem ser operadas (Arora *et al.*, 2010).

7) Acompanhamento após o tratamento: é importante efetuar visitas regulares de acompanhamento, especialmente nos primeiros anos após o tratamento (Amdur e Mazzaferri, 2005).

## 1-2-5-7 Epidemiologia

O carcinoma da glândula tiroide é a neoplasia maligna mais comum do sistema endócrino, representando cerca de 2% de todos os cancros diagnosticados, mas sendo responsável por 93% de todos os cancros do sistema endócrino (National Cancer Institute, 2012). A neoplasia maligna da tiroide é quase três a quatro vezes mais comum nas mulheres do que nos homens, pode ocorrer em qualquer idade, mas é mais comum na meia-idade, e as taxas de incidência anual variam consoante a área geográfica, a idade e o sexo (Jemal *et al.*, 2010).

Registam-se cerca de 122 000 novos casos por ano em todo o mundo; a incidência desta doença é particularmente elevada na Islândia e no Havai, onde a taxa é quase o dobro da registada nos países do Norte da Europa, no Canadá e nos Estados Unidos. Aproximadamente 30180 novos casos e 1500 mortes por neoplasia maligna da tiroide ocorrem todos os anos nos Estados Unidos: ocupando o quinto lugar entre as neoplasias malignas para as mulheres, em Itália é o segundo cancro mais frequente em mulheres com menos de 45 anos de idade e apenas em alguns países como a Noruega e a Suécia, a incidência do cancro da tiroide diminui (National Cancer Institute, 2015).

O Registo Oncológico Iraquiano relativo ao ano de 2010 revelou a percentagem e a taxa de incidência do cancro da tiroide em algumas províncias, como mostra o quadro (1.1).

**Tabela (1.1): Percentagem e taxa de incidência do cancro da tiroide em algumas províncias para o ano de 2010 (Iraqi Cancer Registry, 2010).**

| Província | Total de casos | N.º de casos de cancro da tiroide | Cancro da tiroide % | Casos registados de cancro da tiroide/100000 habitantes |
|---|---|---|---|---|
| Bagdade | 5036 | 146 | 2.90 % | 2.12 |
| Al-Najaf | 979 | 33 | 3.37 % | 2.63 |
| Thi-Qar | 934 | 34 | 3.64 % | 1.90 |
| Kerballa | 725 | 25 | 3.45 % | 2.40 |
| Salah-Alden | 615 | 25 | 4.07 % | 1.82 |
| Al-Muthana | 304 | 15 | 4.93 % | 2.14 |

Além disso, de acordo com o Registo Iraquiano do Cancro, o cancro da tiroide ocupou a oitava posição entre todos os outros cancros nas mulheres em 2010 e 2011 (Registo Iraquiano do Cancro 2010, 2011).

Nas últimas três décadas, as taxas de incidência têm vindo a aumentar na maioria dos países desenvolvidos, ao passo que as taxas de mortalidade têm vindo a diminuir lentamente e as razões precisas para o aumento não são claramente compreendidas, mas podem estar relacionadas, pelo menos em parte, com a introdução de melhores métodos de diagnóstico, como a ecografia, os exames da tiroide, a biópsia por aspiração com agulha fina e os avanços no registo do cancro (Pellegriti *et al.*, 2013).

## 1-2-5-8 Fator de risco de neoplasia maligna da tiroide

Um fator de risco é qualquer coisa que aumente a probabilidade de uma pessoa desenvolver cancro; pode ser um comportamento, uma substância ou uma condição (Awad *et al.*, 2016). A maioria dos cancros é o resultado de muitos factores de risco, mas, por vezes, o cancro da tiroide desenvolve-se em pessoas que não têm nenhum dos factores de risco (Arora *et al.*, 2010).

Entre os principais factores que podem aumentar o risco de cancro da tiroide contam-se

1) Género: as mulheres têm três a quatro vezes mais probabilidades de desenvolver o cancro da tiroide do que os homens (Pellegriti *et al.*, 2013).

2) Idade: o cancro da tiroide pode ocorrer em qualquer idade, mas cerca de dois terços dos casos ocorrem em pessoas com idades compreendidas entre os 20 e os 55 anos. O cancro anaplásico da tiroide é geralmente diagnosticado após os 60 anos de idade, mas os bebés (a partir dos 10 meses) e os adolescentes podem desenvolver cancro medular da tiroide, especialmente se forem portadores da mutação do proto-oncogene RET (Devita *et al.*, 2001).

3) Hereditariedade: alguns tipos de cancro da tiroide são hereditários, o oncogene RET mutado, que pode ser transmitido de pais para filhos, pode causar cancro medular da tiroide, mas isto não significa que todas as pessoas com um oncogene RET alterado venham a desenvolver cancro (Draznin, 2005).

4) Exposição a radiações: a exposição a níveis moderados de radiações pode aumentar o risco de cancro da tiroide papilar e folicular, tais como as fontes de exposição (Krag, 2000):

- Tratamentos de raios X de dose baixa a moderada utilizados antes de 1950 para tratar crianças com acne, amigdalite e outros problemas de cabeça e pescoço.

- Radioterapia para linfoma de Hodgkin ou outras formas de linfoma na cabeça e no pescoço.

- Exposição ao iodo radioativo (RAI), também designado por $I^{131}$, especialmente na infância; as fontes de $I^{131}$ incluem a precipitação radioactiva dos testes de armas atómicas durante as décadas de 1950 e 1960 e a precipitação radioactiva das centrais nucleares, de que são exemplos o acidente da central nuclear de Chernobyl em 1986 e o terramoto de 2011 que danificou as centrais nucleares no Japão; outra fonte de I-131 são as libertações ambientais das centrais de produção de armas atómicas (Casciato e Territo, 2009).

5) Dieta pobre em iodo: o iodo é necessário para o funcionamento normal da tiroide e para ajudar a prevenir problemas de tiroide (Pellegriti *et al.*, 2013).

6) Raça: os brancos e os asiáticos têm maior probabilidade de desenvolver cancro da tiroide, mas esta doença pode afetar uma pessoa de qualquer raça ou etnia (National Cancer Institute, 2015).

7) Cancro da mama. Um estudo recente mostrou que os sobreviventes de cancro da mama podem ter um risco mais elevado de cancro da tiroide, particularmente nos primeiros cinco anos após o diagnóstico e para aqueles diagnosticados com cancro da mama numa idade mais jovem (Gordon, 2012).

## 1-2-5-9 Classificação

A classificação é uma forma de classificar as células cancerígenas, pelo que a descrição dos tumores depende do grau de diferença entre as células tumorais e as células normais (diferenciação), do aspeto do tecido tumoral ao microscópio, da rapidez de crescimento e de divisão e da possibilidade de propagação das células tumorais (American Cancer Society, 2010). O grau do tumor é descrito com um número entre I e IV; o número refere-se ao grau de diferenciação: um grau mais baixo especifica um tumor de crescimento mais lento e um grau mais elevado indica um tumor de crescimento mais rápido (Sobin *et al.*, 2009):

Grau I (bem diferenciado): Estes são os tumores menos malignos, crescem lentamente e a célula tumoral é semelhante às células normais quando vista através de um microscópio.

Grau II (moderadamente diferenciado): Estes tumores são de crescimento lento e têm um aspeto parcialmente anormal ao microscópio, alguns podem espalhar-se para tecidos próximos e, por vezes, voltar a surgir como um tumor de grau superior.

Grau III (pouco diferenciado): Nem sempre existe uma grande diferença entre os tumores de grau II e de grau III, as células deste grau estão a reproduzir ativamente células anormais, e estes tumores tendem a ocorrer novamente como um grau IV.

Grau IV (indiferenciado): Estes são os tumores mais malignos, proliferam rapidamente, têm um aspeto estranho quando vistos ao microscópio e podem espalhar-se de forma mais agressiva.

## 1-2-5-10 Preparação

O estadiamento consiste em classificar um tumor com base na extensão do tumor no corpo; depende frequentemente do tamanho do tumor, do facto de o tumor se ter ou não espalhado para outras partes do corpo (metástases) e do local onde se espalhou (Amdur e Mazzaferri, 2005).

O estadiamento foi efectuado de acordo com o sistema de estadiamento "Tumor-Linfonodo-Metástases (TNM) do American Joint Committee on Cancer (AJCC) e da International Union against Cancer (UICC)".

## 1-2-6 Biomarcadores do carcinoma da tiroide

O carcinoma da tiroide aumentou significativamente no último período, e este aumento deveu-se em parte à melhoria dos métodos de rastreio, mas a evidência dos tumores mais avançados e a mortalidade associada ao carcinoma da tiroide sugerem que a causa subjacente não é totalmente compreendida (Gimm *et al.*, 2011). A maioria dos carcinomas da tiroide está a ser diagnosticada por citologia aspirativa por agulha fina (FNAC) e histologicamente, mas por vezes há dificuldades em que as características morfológicas são indistinguíveis, fazendo com que a histologia tradicional e a FNAC não consigam fornecer qualquer informação prognóstica e terapêutica (Sethi *et al.*, 2010). Recentemente, para resolver este problema, foram sugeridos vários marcadores imuno-histoquímicos e a sua eficácia no diagnóstico, tratamento e prognóstico do carcinoma da tiroide está a ser avaliada, e alguns dos marcadores imuno-histoquímicos discutidos têm potencial para um diagnóstico e prognóstico precisos do carcinoma da tiroide (Gimm *et al.*, 2011), A cirurgia e a terapia com iodo radioativo são os principais métodos de tratamento do carcinoma da tiroide. No entanto, uma abordagem terapêutica combinada dirigida contra diferentes receptores e biomarcadores do cancro da tiroide pode reduzir os efeitos secundários e melhorar a competência terapêutica (Kresina, 2001; Sethi, *et al.*, 2010). Factores de crescimento, por exemplo O fator de crescimento epidérmico (EGF), o fator de crescimento transformador alfa (TGF-α), o recetor do fator de crescimento epidérmico (EGFR) e outros membros desta família ligam-se aos respectivos receptores e estimulam as vias de sinalização correspondentes, pelo que a ativação descontrolada da via de sinalização no carcinoma da tiroide devido a mutações resulta na sobreexpressão do gene e na produção de proteínas truncadas, o que leva a um aumento da proliferação celular, da invasão vascular e das metástases, provocando um crescimento ainda mais rápido do tumor (Kresina, 2001). Esta sobreexpressão de TGF-α e EGFR no carcinoma da tiroide é proporcional à gravidade do carcinoma avançado da tiroide, o que exigiu uma avaliação e validação mais aprofundadas (Jorissen *et al.*, 2003).

## 1-2-7: Família do Fator de Crescimento Epidérmico

A família do fator de crescimento epidérmico é constituída por quatro genes receptores e pelo menos 11 ligandos, vários dos quais são produzidos em diferentes formas proteicas. Estes criam um sistema de interação que tem a capacidade de receber e processar informações que resultam em vários resultados (Bolander, 2004). A família tem um papel importante na direção e coordenação de muitos processos normais, incluindo o crescimento e o desenvolvimento, a renovação normal dos tecidos e a cicatrização de feridas. Além disso, os mutantes activadores e a sobreexpressão dos membros desta família contribuem para a oncogénese, induzindo as células a proliferar e a resistir à apoptose (Farid, 2004). A família EGFR dos receptores tirosina quinases compreende o EGFR (ErbB1), o ErbB2/HER2/neu, o ErbB3/HER3 e o ErbB4/HER4. O ErbB2 não consegue ligar ligandos, enquanto o ErbB3 tem um domínio cinase inativo, pelo que se pensa que estes receptores funcionam como co-receptores (Bolander, 2004) (Fig. 1.5).

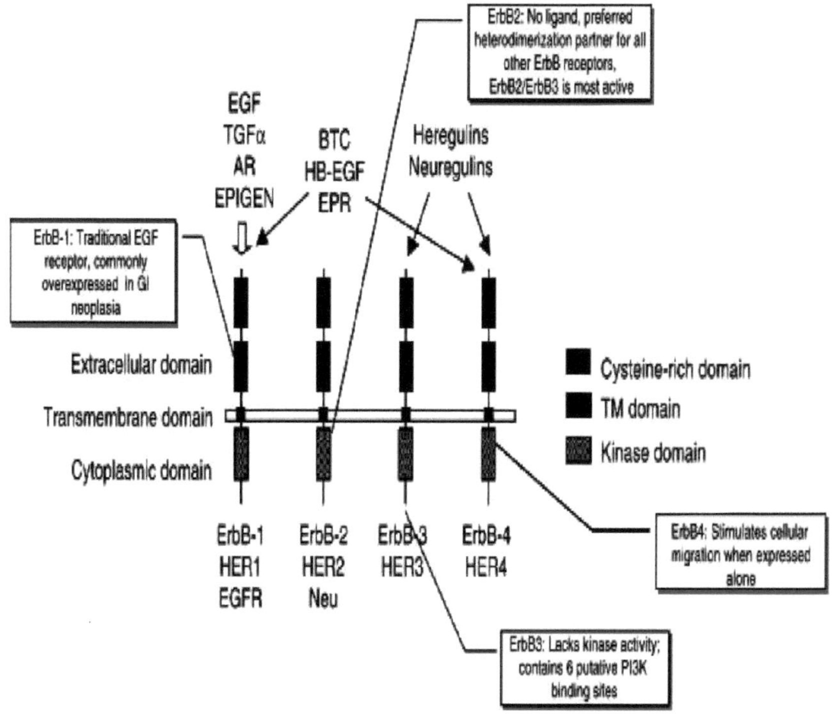


**Fig (1.5):** Família de receptores do fator de crescimento epidérmico (EGF). São apresentados os quatro receptores EGF de mamíferos (EGFRs), juntamente com as suas especificidades ligantes. As caixas de texto ilustram algumas das características distintivas de cada recetor. Note-se que o ErbB2 e o ErbB3 não têm uma ligação específica de alta afinidade para membros da família de péptidos EGF estreitamente relacionados, mas a sinalização pode ocorrer como resultado da heterodimerização com o ErbB1 ou o ErbB4. AR, anfiregulina; BTC, betacelulina; EPR, epiregulina; GI, gastrointestinal; HB-EGF, recetor 1 do fator de crescimento epidérmico de ligação à heparina; PI3K, fosfatidil inositol quinase; TGF-α, fator de crescimento transformador-α; TM, transmembrana (Johnson, 2006).

Os ligandos da família ErbB incluem o EGF, a anfiregulina (AR) e o TGF-α, que se ligam especialmente ao EGFR, enquanto a betacelulina (BTC), o EGF de ligação à heparina (HB- EGF) e a epiregulina (EPR) se ligam ao EGFR e ao ErbB4. As neuregulinas 1 (NGR1) e 2 (NGR2) ligam-se preferencialmente ao ErbB3 e ao ErbB4, enquanto a NGR3 e a NGR4 se ligam ao ErbB4 (Normanno *et al.*, 2006) (Fig. 1.6).

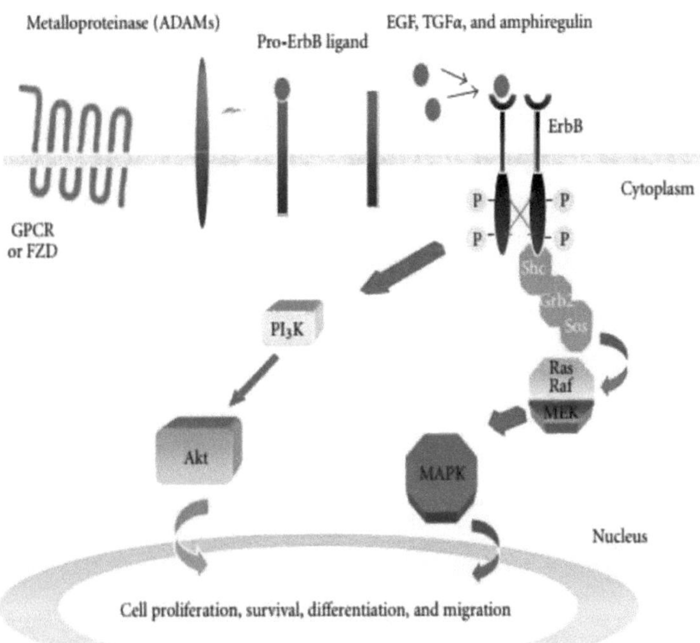


**Fig (1.6):** Mecanismos de ação do recetor ErbB. Nas células tumorais, as tirosina-quinases do recetor ErbB são activadas pela produção autócrina ou parácrina de ligandos da família EGF. A produção autócrina de ligandos resulta da ativação de receptores acoplados à proteína G (GPCRs) ou do recetor frizzled (FZD), o que provoca a clivagem mediada por metaloproteinases e a libertação de ligandos relacionados com o pró-EGF (ectodomínio). A ligação de ligandos ao domínio extracelular dos receptores ErbB leva à dimerização do recetor, à autofosforilação e à ativação de várias vias de sinalização a jusante. Em particular, os receptores ErbB tirosina-fosforilados ligam-se às proteínas adaptadoras Shc e Grb2, levando ao recrutamento de Sos e à ativação da via Ras/MAPK. A via PI3K/Akt é estimulada através do recrutamento da subunidade adaptadora p85 da PI3K para o recetor (Mincione *et al.*, 2011).

## 1-2-8: Fator de crescimento transformador alfa (TGF-α)

O fator de crescimento transformador alfa (TGF-α) é uma proteína que contém um polipeptídeo de 50 aminoácidos, a localização citogenética do gene TGF-α humano é: 2p13.3, que é o braço curto (p) do cromossoma 2 na posição 13.3 (Rosenbloom *et al.*, 2015) O TGF-α torna-se eficaz quando está ligado a recetores capazes de proteína quinase eficazmente de sinalização celular (Wieduwilt e Moasser, 2008). O TGF-α é um ligando para o recetor EGF, e porque o TGF-α é um membro da família dos recetores tirosina quinase, pelo que isto lhes confere a semelhança estrutural biológica de cerca de 30%, logo o TGF-α e o EGF estão ligados ao mesmo recetor (Acton, 2013). A perda de regulação do TGF- alfa e do seu recetor EGFR pode levar a muitas doenças humanas, nomeadamente o cancro (Jameson *et al.*, 2016) (Fig. 1.7).

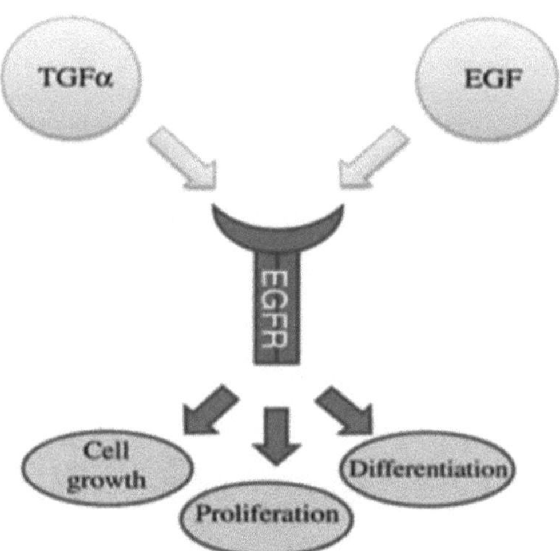


**Fig (1.7):** O fator de crescimento transformador -alfa (TGF-α) e o fator de crescimento epidérmico (EGF) são mitogénios hepáticos importantes que se ligam ao recetor do fator de crescimento epidérmico (EGFR). Após a ativação, o EGFR sofre dimerização, o que estimula a sua atividade intrínseca de proteína-tirosina quinase intracelular. Isto leva ao início de várias cascatas de transdução de sinal, conduzindo ao crescimento, proliferação e diferenciação celular (Herbst, 2004).

## 1-2-9: Recetor do fator de crescimento epidérmico (EGFR)

O recetor do fator de crescimento epidérmico é uma glicoproteína existente na superfície de algumas células e é composto por 1186 aminoácidos, com um peso molecular de 170 kDa (Herbst, 2004). O gene humano do EGFR está localizado no cromossoma 7p12.3-p12.1 (Udart *et al.*, 2001). O EGFR é um membro da família dos receptores tirosina-quinase, cujos membros desempenham um papel importante na promoção do crescimento, da divisão, da apoptose e da sobrevivência das células (Robinson *et al.*, 2000). O EGFR tem sítios que lhe permitem ligar-se a outras proteínas, denominadas ligandos, no exterior da célula e receber sinais que ajudam a célula a responder ao ambiente circundante e a adaptar-se em conjunto, tal como as fechaduras e as chaves (Normanno *et al.*, 2006). O EGFR é ativado pela ligação dos seus próprios ligandos, incluindo o fator de crescimento epidérmico (EGF) e o fator de crescimento transformador alfa (TGFα). Esta cinase desencadeia diversas vias de sinalização a jusante e resulta em várias respostas biológicas, como a proliferação e a diferenciação (Bogdan e Klambt, 2001). (Fig. 1.8)

O EGFR desempenha um papel importante na carcinogénese e no desenvolvimento de muitos tumores, pois aumenta a proliferação e a mobilidade das células tumorais e, em contrapartida, diminui a apoptose nas células (Arteaga, 2002). Yu e Jae, (2013) relataram no seu estudo que a expressão de EGFR estava relacionada com o sexo masculino e com metástases nos gânglios linfáticos no carcinoma da tiroide. Lam *et al.* (2011) verificaram que a sobreexpressão de TGFα e EGFR está associada a factores histopatológicos no carcinoma papilar da tiroide (Normanno *et al.*, 2006).

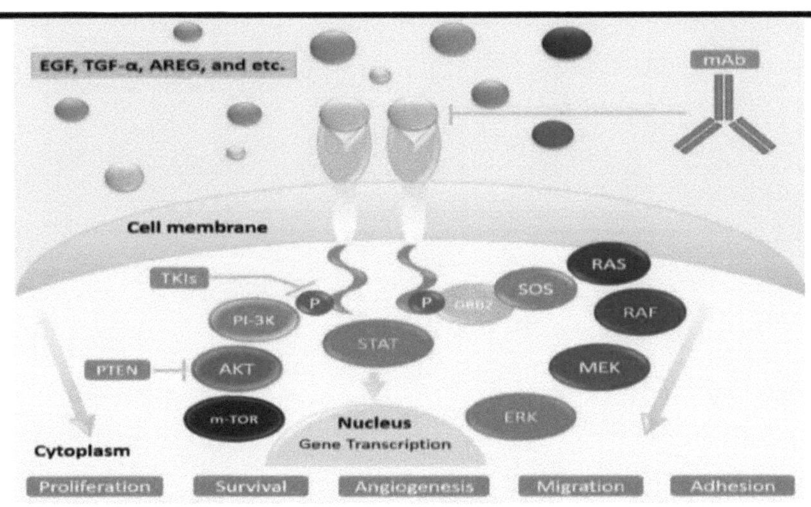

**Fig (1.8):** A via de sinalização do fator de crescimento epidérmico (EGF). A ligação de ligandos como o EGF, o fator de crescimento transformador alfa (TGF-α) e a anfiregulina (AREG) ao recetor do EGF (EGFR) leva à ativação de várias vias de sinalização chave a jusante, incluindo as cascatas de fosfatidilinositídeo 3-quinases/proteína quinase B (PI3K/AKT), transdutor de sinal e ativador da transcrição (STAT) e proteína quinase activada por mitogénio (MAPK). A via MAPK consiste na quinase extracelular regulada (ERK) e nas suas quinases amplificadoras a montante MEK, RAF, RAS, SOS e GRB2. O alvo mamífero da rapamicina (m-TOR) é o alvo a jusante da AKT, que é regulada pelo supressor de tumores fosfatase e tensina homóloga (PTEN). A ativação destas vias conduz à proliferação celular, sobrevivência, adesão, migração e angiogénese (Mortaz et al., 2012).

Isham *et al.* (2013) demonstraram que o EGFR foi mostrado em 39,5% dos pacientes com papilar, 29,6% dos foliculares e em 100% dos pacientes anaplásicos, mas não no carcinoma medular da tiroide 0,0%. Rodriguez-Antona *et al.* (2010), mostraram uma sobreexpressão significativa de EGFR em metástases em comparação com tumores primários. Wu *et al.* (2011) relataram que o ARNm do TGFα e do EGFR estavam sobreexpressos no CPT quando comparados com lesões benignas da tiroide.

# Capítulo II. Materiais e métodos

## 2. Materiais e métodos

O presente estudo foi realizado em 178 amostras de tecido incluídas em parafina, 111 das quais eram afectadas por carcinoma da tiroide e 46 casos foram diagnosticados como tumor benigno da tiroide, enquanto os restantes 21 casos eram doenças da tiroide (não malignas nem benignas). O estudo foi realizado nos laboratórios da Faculdade de Ciências da Universidade de Wasit em colaboração com o Hospital Universitário AL-Hussein e o Laboratório Privado Ibn al-Bitar na província de Thi-Qar / Iraque, durante o período de outubro de 2015 a abril de 2016.

### 2.1: Doentes e grupo de controlo

Cento e setenta e oito doentes da tiroide (130 mulheres e 48 homens) foram incluídos neste estudo, com uma idade média de 35,2 anos (11-80 anos), que era composto por três grupos de doenças da glândula tiroide; o primeiro grupo era constituído por carcinoma da tiroide 111 (62.36%), o segundo grupo era constituído por tumores benignos, 46 (25,84%) (31 adenomas, 7 nodulares e 8 multinodulares) e 21 (11,80%) por outras doenças da tiroide (não cancerosas ou benignas) como grupo de controlo (7 doença de Graves, 5 hiperplasia e 9 doença de Hashimoto).

Os doentes com malignidade da tiroide foram divididos histologicamente em três grupos, o primeiro grupo incluía: 10 eram pacientes foliculares, o segundo grupo era composto por 94 papilares e o terceiro grupo incluía 7 pacientes distribuídos como, 1 anaplásico, 1 Hürthle, 4 medulares e 1 mucoepidermóide. O tamanho do tumor foi dividido em dois grupos: mais de 5 cm e igual ou inferior a 5 cm.

O TNM foi utilizado na classificação dos tumores malignos (tumores, linfonodos e metástases), incluindo: 74 eram estádio I, 22 eram estádio II, 6 eram estádio III e 9 eram estádio IV. Utilizou-se o grau histológico (G) no diagnóstico do grau do tumor, G1 bem diferenciado, G2 moderadamente e G3 pouco diferenciado.

## 2.2:  Materiais

### 2.2.1:  Aparelhos e equipamentos

Os aparelhos, equipamentos e respectivas empresas utilizados neste estudo estão listados na Tabela (2.1).

**Tabela (2.1): O aparelho e o equipamento que foram utilizados no estudo**

| Electrodomésticos e equipamentos | Empresa |
| --- | --- |
| Sistema automático de incorporação de tecidos | Marubeni, Japão |
| Folhas de rosto | Marienfeld, Alemanha |
| Balança eléctrica sensível | KERN, Alemanha |
| Tubos Eppendorff (500 a 1500 µl) | China |
| Frascos de vidro para coloração | Nemoto kyorindo, Japão |
| Suportes para lâminas de óculos | Nemoto kyorindo, Japão |
| Cilindros graduados câmara de humidade metálica | Nemoto kyorindo, Japão |
| Aquecedor (placa de aquecimento) | SAYONA, China |
| Capuz | Japão |
| Câmara de humidade | Feito à mão |
| Incubadora | Ecocell, Alemanha |
| microscopia ótica | Olympus, Japão |
| Micrótomo | Microm, Alemanha |
| Micropipeta (100-1000µl), (10-100µl) e (0,5-10 µl) | SLAMED, Alemanha |
| Micro-ondas | LG, Coreia |
| Forno | ISUZU - TOKYP, Japão |
| Parafilme | Pechiney |
| Lâminas preparadas para microscópio com carga positiva | Histobond, EUA |
| Temporizador | Japão |
| Papel de seda | JRI |

| Termómetro | Sk SATO, Japão |
| Vórtice | CYAN Cypress, Bélgica |
| Lavagem de garrafas | Bio hit |
| Banho de água | Marubeni, Japão |

### 2.2.2: Reagentes

**A)** Immuno Cruze/$^{TM}$ mouse ABC Staining System: sc -2017, e os anticorpos primários TGF alfa (D-6): sc-374433 e EGFR (A-10): sc-373746, que continham reagente suficiente para 200 lâminas, foram fornecidos pela Santa Cruze Biotechnology, Inc., Europe California 95060. Reagentes de imunohistoquímica como na (Tabela 2.2):

**Tabela (2.2): Reagentes da técnica de imunohistoquímica e respectivas empresas**

| Reagentes | Empresa |
| --- | --- |
| Reagente enzimático AB | Santa Cruze, Estados Unidos |
| Etanol absoluto | Scharlan, Espanha |
| Anticorpo secundário biotinilado | Santa Cruze, Estados Unidos |
| Soro bloqueador | Santa Cruze, Estados Unidos |
| Ácido cítrico | Barcelona, Espanha |
| Água destilada desionizada (D.D.W) | Iraque |
| Água destilada (D.W) | Iraque |
| Coloração de hematoxilina | Dako, EUA |
| Peróxido de hidrogénio a 3% ($H_2O_2$) | CARLO ERBA, China |
| MontagemMédio : DPX (Distyrene, Plastificante e xileno | Sakora, Japão |

| NaOH | Sigma-Aidrich, Reino Unido |
| Substrato de peroxidase | Santa Cruze, Estados Unidos |
| Anticorpo primário | Santa Cruze ,USA |
| Vinte e poucos anos | Thomas Baker, China |
| Tampão de lavagem PBS | Sigma, Reino Unido |
| Xileno | HIMEDIA, Índia |

**B)** Os componentes da IHC no kit da Santa Cruze Biotecnologia são apresentados na tabela (2.3).

**Tabela (2.3): Componentes do kit de imunohistoquímica**

| Componentes | Quantidade |
| --- | --- |
| A (avidina) | 0,5 ml |
| B(peroxidase de rábano biotinilada) | 0,5 ml |
| Anticorpo secundário biotinilado | 250µg |
| EGFR | 200 µg |
| TGF alfa | 200 µg |
| Soro de bloqueio normal | 1,0 ml |
| 50x cromogénio DAB | 1,0 ml |
| 50x Substrato de peroxidase | 1,0 ml |
| Tampão de substrato 10x | 3,0 ml |

**2.2.3: Elaboração de soluções de trabalho: (de acordo com o fabrico de Kite)**

1) Elaboração do soro de bloqueio: misturar 75 µl de soro de bloqueio normal com 5 ml de PBS.

2) Elaboração dos anticorpos EGFR e TGFα: A solução de trabalho dos anticorpos primários EGFR e TGFα foi preparada através da adição de 1 µl de cada anticorpo primário a 50 µl de soro de bloqueio a 1,5% diluído em PBS (a concentração que

concede o sinal ótimo durante a padronização), preparou esta solução de trabalho em tubos Eppendorff esterilizados.

3) Anticorpo secundário biotinilado: misturar 75 µl de soro normal de bloqueio com 25µl de anticorpo secundário biotinilado e 5 ml de PBS.

4) Reagente enzimático AB: Combinar 2,5 ml de PBS com uma mistura de 50 µl de reagente A (avidina) e 50 µl de reagente B (HRP biotinilado), depois misturar e deixar em posição durante, pelo menos, cerca de minutos.

5) Substrato de peroxidase: solução preparada num tubo Eppendorf esterilizado, 5 gotas (250 µl) de tampão de substrato 10x com 1,6 ml de D.W., 1 gota (50 µl) de cromogénio DAB 50x e 1 gota (50µl) de substrato de peroxidase 50x. Esta solução foi utilizada imediatamente e guardada numa câmara escura.

6) Elaboração do tampão de lavagem PBS: dissolver 1 comprimido em 200 ml de água destilada e misturar bem.

7) Elaboração de H2O2 a 3%: preparação de 6 partes a partir de uma mistura de H2O2 a 50% com 94 partes de D.W.

8) Elaboração do tampão citrato (PH= 6): Esta solução inclui (1,92 g de ácido cítrico, 1000 ml de D.W. e regular o pH para 6 com 1N (NaOH), e depois adicionar 0,5 ml de Tween 20 e misturar bem).

9) Elaboração de etanol graduado:

a) Duzentos mililitros de etanol a 95%: adicionar 10 ml de D.W. a 190 ml de etanol absoluto.

b) Duzentos mililitros de etanol a 70 %: adicionar 60 ml de água destilada a 140 ml de etanol absoluto.

10) Elaboração da coloração de hematoxilina: antes da utilização, filtrou-se a coloração de hematoxilina, utilizando papel de filtro.

## 2.3: Métodos

### 2.3.1: Principal da imunohistoquímica

A imunohistoquímica (IHC) é um método aplicado para definir a expressão de biomarcadores nos tecidos (Oza *et al.*, 2008). As células imunitárias, ou células B, fabricam anticorpos contra proteínas específicas. Estes anticorpos podem depois reconhecer e relacionar-se com essas proteínas, denominadas antigénios. Muito especificamente, têm um conhecimento de determinados locais nesses antigénios, denominados epítopos (Buchwalow e B cker, 2010).

A IHC fornece o método geral direto para corresponder à afetação celular e subcelular da sua proteína. Embora a proteína verde fluorescente ou outra estrutura transcricional ou translacional possa dar um sinal relativamente rápido da expressão genética ou da divisão proteica, há uma série de problemas possíveis com estas técnicas. Estes incluem a organização anormal da expressão do arranjo transgénico de várias cópias e a localização anormal da proteína resultante da sobreexpressão ou da existência da etiqueta (Dabbs, 2013).

A imunohistoquímica tira partido da afinidade antigénio-anticorpo através da sua capacidade de identificar e localizar proteínas de interesse através da deteção com conjugados marcados. No exemplo simples, um anticorpo primário (o primeiro a ser utilizado, que conduz ao epítopo do antigénio), ao qual foi ligado um identificador, pode relacionar-se. O anticorpo e o antigénio na superfície do tecido são depois detectados por uma série de tratamentos, que prevêem a análise e a quantificação da etiqueta. Trata-se da chamada IHC direta (Buchwalow e B cker, 2010).

Outra descrição importante de um anticorpo que devemos observar é o animal em que o anticorpo foi desenvolvido. Se um anticorpo contra a vimentina, por exemplo, tiver sido produzido em ratinho, é designado por "anti-vimentina de ratinho". Esta singularidade é importante quando se considera outro ensaio de ligação, ou seja, a IHC indireta. A IHC indireta envolve a utilização de um meio entre o anticorpo primário e o sistema de deteção (Shi e Taylor, 2010).

**Protocolo de imunohistoquímica para secções incluídas em parafina** anticorpo primário não conjugado, estreptavidina-horseradish peroxidase (Sav - HRP) e anticorpo secundário biotinilado e sistema de deteção DAB. Porque qualquer antigénio difere em termos de necessidade de fixação.

**2.3.2: Protocolo para coloração IHC em secções de tecido incluídas em parafina e sistema de coloração ABC:**

**A) Incorporação de secções:**

1- Fixar os tecidos dissecados: (4-5 um de espessura) com formalina a 10% durante 24-48 horas à temperatura ambiente

2- Desidratação do tecido: através de álcool a 70%, 80% e 95%; 45 min cada, seguido de 3 tempos de 1 hora cada em mudanças de álcool a 100%.

3- Tecido de limpeza: em xileno, duas mudas de uma hora cada.

4- Imersão dos tecidos: em parafina, três mudanças de uma hora cada.

5- Incorporação dos tecidos: em bloco de parafina.

6- Seccionar os blocos de tecido incluídos em parafina com uma espessura de 4-5 um num micrótomo e colocar num banho de água a 40°C com água destilada.

7- Transferir as secções para lâminas de vidro adequadas para imunohistoquímica. Deixar as lâminas secar durante a noite e guardá-las a 25 - 28°C até estarem prontas a utilizar.

**B) Desparafinização:**

1- 1-As lâminas foram acondicionadas na estufa a 60 °C durante a noite.

2- Lâminas desparafinizadas em duas mudanças de xileno, cinco minutos cada.

3- Transferir as lâminas para álcool a 100%, durante duas mudanças, três minutos cada, e depois transferir uma vez para álcoois a 95%, 70% e 50%, respetivamente, durante três minutos cada.

**C)  Coloração IHC de lâminas:**

1- A atividade da peroxidase endógena foi impedida através da incubação da secção em solução de 3% de H $O_{22}$ em metanol a 25 - 28°C durante 10 minutos para impedir a atividade da peroxidase endógena.

2- Lavar duas vezes em 300 ml de PBS para duas mudanças, 5 minutos para cada.

3- Execução da recuperação de antigénio para revelar o epítopo antigénico. A recuperação de antigénio geralmente utilizada é um método de tampão citrato. Disposição das lâminas num recipiente de coloração. Incubou-se a 95 - 100°C durante 10 minutos no recipiente de coloração que continha 300 ml de tampão citrato 10 Mm, PH 6. Retirar o recipiente da incubadora para 25 - 28 °C e deixar as lâminas arrefecer durante vinte minutos.

4- Enxaguar as lâminas em 300 ml de PBS durante duas mudanças, 5 minutos para cada uma.

5- Foram adicionados 100 µl de soro de bloqueio às secções das lâminas e incubadas numa câmara humidificada à temperatura ambiente durante uma hora.

6- As lâminas foram lavadas em PBS durante 2 mudanças, 5 minutos em cada uma.

7- Cem µl de anticorpo primário adequadamente diluído foram adicionados às secções nas lâminas e incubados numa câmara humidificada à temperatura ambiente durante 30 minutos.

8- As lâminas foram lavadas em PBS durante 2 mudanças, 5 minutos cada.

9- Cem µl de anticorpo secundário biotinilado adequadamente diluído (utilizando o tampão de diluição de anticorpos preparado) foram adicionados às secções nas lâminas e incubados numa câmara humidificada à temperatura ambiente durante 30 minutos.

10- As lâminas foram lavadas em PBS durante 5 minutos por duas vezes.

11- As lâminas foram incubadas no reagente enzimático AB durante 30 minutos.

12- As lâminas foram lavadas em PBS durante 5 minutos por duas vezes.

13- Em seguida, as lâminas foram incubadas em 1-3 gotas de substrato de peróxidos durante 10 minutos (a coloração das secções pode ser verificada lavando-as com $H_2O$ e observando-as ao microscópio. Se necessário, foi adicionado mais substrato de peróxidos).

14- As lâminas foram lavadas com D.W. uma vez durante 5 minutos.

**D)  Contracoloração e reidratação das lâminas**:

a)  A coloração com hematoxilina foi adicionada às lâminas durante 43 segundos.

b)  As lâminas foram lavadas em água corrente da torneira durante 2 minutos.

c)  As lâminas foram colocadas em etanol a 95% 2 vezes durante 10 segundos.

d)  Etanol livre 2 vezes durante 10 segundos.

e)  Xileno de uma só vez durante 10 segundos.

**E)  Montagem e triagem de lâminas**

1- As lamelas foram colocadas em lâminas que utilizam solução DPX.

2- As lâminas estavam isentas de bolhas durante a aplicação da lamela (deslizando lentamente a lamela a partir do fundo da lâmina).

3- As lâminas foram examinadas ao microscópio de luz (10X, 40X, 100X).

**2.3.3:  Sistema de pontuação**

A percentagem (P) de expressão genética foi medida como a percentagem de células coradas da seguinte forma: 0 para negativo, 1 para 1 - 25 células coradas, 2 para 26 - 50 células coradas e 3 para 51 - 100 células coradas. A intensidade (I) foi medida da seguinte forma: 0 para negativo, 1 para uma coloração fraca, 2 para uma coloração moderada e 3 para uma coloração forte.

**Pontuação = positividade da coloração x intensidade da coloração** (Lee *et al.*, 2010).

**2.4:  Consentimento ético**

O estudo foi apresentado e aprovado pela Faculdade de Ciências da Universidade de

Wasit em cooperação com o laboratório do hospital universitário AL-Hussein e o laboratório privado Ibn al-Bitar na província de Thi-Qar / Iraque.

## 2.5: Análise estatística

Os dados foram analisados utilizando os seguintes testes:

•   A análise estatística dos resultados foi efectuada com a ajuda do pacote estatístico Minitab versão 23.0.

•   O teste do coeficiente de correlação foi utilizado para determinar a correlação entre diferentes marcadores e outros parâmetros.

•   O teste exato de Fisher foi utilizado para investigar a comparação entre a expressão de cada marcador no grupo de doentes e no grupo de controlo.

•   O nível de significância foi $< 0,05$ em todos os testes estatísticos, (valor de p $<$ 0,05).

# Capítulo Três . Resultados e discussão

## 3. Resultados e discussão

### 3.1: Dados descritivos dos pacientes do estudo

Neste estudo, a expressão de TGF-α e do seu recetor EGFR foi investigada em doentes com doenças da tiroide (carcinoma da tiroide, doenças benignas da tiroide e doenças não tumorais da tiroide como grupo de controlo) através de análise imunohistoquímica (IHC). O estudo também incluiu a correlação e a sobreposição da expressão de TGF-α e EGFR com variáveis clinicopatológicas em doentes com doença da tiroide.

### 3.1.1: Distribuição dos doentes com doenças da tiroide de acordo com os grupos etários

O nosso estudo envolveu 111 doentes com carcinoma da tiroide e 46 doenças benignas da tiroide, comparados com 21 doenças não neoplásicas da tiroide como grupo de controlo. Estes casos foram classificados de acordo com categorias de grupos etários que variavam entre os 11 e os 80 anos de idade, com um intervalo de dez anos. Os doentes foram distribuídos por sete grupos etários (Tabela 3.1).

**Tabela (3.1): Distribuição dos doentes com tiroide de acordo com o grupo etário**

| Variável / Idade em ano | Carcinoma Não.% | Benigno Não.% | Total Não. % |
|---|---|---|---|
| 11 - 20 | 9 (8.1%) | 4 (8.7%) | 13 (8.3%) |
| 21 - 30 | 37 (33.3%) | 10 (21.7%) | 47 (29.9%) |
| 31 - 40 | 27 (24.3%) | 13 (28.3%) | 40 (25.5%) |
| 41 - 50 | 20 (18.0%) | 13 (28.3%) | 33 (21.0%) |
| 51 - 60 | 10 (9.0%) | 6 (13.0%) | 16 (10.2%) |
| 61 - 70 | 5 (4.5%) | 0 (0.0%) | 5 (3.2%) |
| 71 - 80 | 3 (2.7%) | 0 (0.0%) | 3 (1.9%) |

| Total<br>Não. % | 111 (70.7%) | 46 (29.3%) | 157 (100.0%) |
| --- | --- | --- | --- |

As estatísticas do nosso estudo mostraram que a maioria dos doentes tinha entre 21 e 30 anos de idade para o carcinoma da tiroide, o que é compatível com a "American Cancer Society's Evaluation for Thyroid Cancer in the US for 2015", onde se verificou que o carcinoma da tiroide era mais frequente em pessoas com menos de 55 anos de idade (Smith *et al.*, 2016). Além disso, Brain *et al.* (2007) observaram que o cancro da tiroide ocorria mais nos grupos etários com menos de 50 anos do que nos grupos etários mais velhos.

### 3.1.2: Distribuição dos doentes com tiroide de acordo com o sexo

As amostras de tiroide incluem 27 homens e 84 mulheres com carcinoma da tiroide, 14 homens e 32 mulheres com tumor benigno, todos os grupos com idades compreendidas entre os 11 e os 80 anos, como se mostra na (Tabela 3.2).

**Tabela (3.2): Distribuição dos doentes com tiroide de acordo com o género**

| Variável \ Género | Homens N.º % | Mulheres N.º % | Total N.º % |
| --- | --- | --- | --- |
| Carcinoma | 27 (24.3%) | 84 (75.7%) | 111 (70.7%) |
| Benigno | 14 (30.4%) | 32 (69.6%) | 46 (29.3%) |
| Total | 41 (26.1%) | 116 (73.9%) | 157 (100.0%) |

O presente estudo demonstrou que a proporção de mulheres é muito superior à dos homens em cerca de 3:1. Este resultado está totalmente de acordo com todos os estudos sobre o carcinoma da tiroide. O resultado foi idêntico a um estudo deAl-Katib                                              , *et al.* (2009), que

estudaram 375 doentes com doenças da tiroide, dos quais 75,7% eram do sexo feminino e 24,2% do sexo masculino. Os nossos resultados também foram idênticos aos resultados do estudo realizado no Irão durante o período de 2000 a 2010 (Sokouti *et al.*, 2013). Rahbari *et al.* (2010) referiram que o carcinoma da tiroide era mais comum no sexo feminino do que no masculino, com um rácio de 9:2 vezes.

Ilustraram que a causa desta diferença é mal compreendida, mas pode dever-se à hormona estrogénio, que aumenta o risco de carcinoma da tiroide no sexo feminino. Há muitos resultados de outros estudos que são semelhantes ao resultado do nosso estudo, tais como: o estudo de Parker e Parker (2004), Lau (2007), Ying *et al.* (2009), Kadhim *et.al.* (2010), Iraqi Cancer Registry (2011), Hussain *et al.* (2013), Abdul Jabbar, *et al.* (2016) e Awad *et.al.* (2016). O aumento do risco nas mulheres pode dever-se ao facto de o corpo feminino ser mais suscetível às alterações hormonais secretadas durante a puberdade, a gravidez e a menopausa. Além disso, nas mulheres grávidas, o feto começa a desenvolver a glândula tiroide na 16-17th semana, pelo que absorverá iodo da mãe, levando à deficiência de iodo, que é uma das causas da doença da tiroide.

### 3.1.3: Distribuição dos doentes com tiroide de acordo com o tipo histológico

Os doentes com carcinoma da tiroide foram classificados de acordo com o tipo histológico em três categorias: carcinoma papilar 84,7% (n=94), carcinoma folicular 9,0% (n=10) e outros tipos raros de carcinoma da tiroide que incluem: 2,7% (n=3) eram carcinoma medular, 0,9% (n=1) eram carcinoma anaplásico, 1,8% (n=2) eram carcinoma de células de Hürthle e 0,9% (n=1) eram carcinoma mucoepidermóide da tiroide (o rácio total de outros tipos de carcinoma é de 6,3% (n=7)). Os doentes com neoplasias benignas também foram divididos em 3 grupos: Adenoma 67,4% (n=31), bócio multinodular 17,4% (n=8) e bócio nodular 15,2% (n=7). Enquanto o grupo de controlo era constituído por três das doenças mais comuns da glândula tiroide, como se segue: 42,8% (n=9) eram doenças de Hashimoto, 33,3% (n=7) eram doença de Graves e 23,8% (n=5) eram hiperplasia. (Tabela 3.3).

**Tabela (3.3): Distribuição dos doentes com tiroide de acordo com o tipo histológico**

| Tipo histológico | Tipo sub-histológico | Não. (%) | Total Não.% |
|---|---|---|---|
| Carcinoma da tiroide | Papilar | 94 (84.7%) | 111 (70.7%) |
| | Folicular | 10 (9.0%) | |

| Neoplasia benigna | Outro tipo | Medular | 3 (2.7%) | |
|---|---|---|---|---|
| | | Anaplásico | 1 (0.9%) | |
| | | Carcinoma de células de Hürthle | 2 (1.8%) | |
| | | Mucoepidermóide | 1 (0.9%) | |
| | Adenoma | | 31 (67.4%) | |
| Neoplasia benigna | Bócio multinodular | | 8 (17.4%) | 46 (29.3%) |
| | Bócio nodular | | 7 (15.2%) | |
| Total | | | | 175 (100.0%) |

O carcinoma papilar da tiroide é o tipo mais comum de neoplasia maligna da tiroide, representando cerca de 75% do cancro da tiroide. No nosso estudo, também se verificou que a maioria dos doentes envolvidos no grupo maligno era de carcinoma papilar da tiroide (84,7%) e apenas (24%) de carcinoma folicular da tiroide, enquanto os outros tipos eram menos frequentes por serem tipos raros de carcinoma da tiroide. A taxa de incidência de carcinoma papilar da tiroide foi de 0,5% e foi compatível com as estatísticas de Al-Hakiem *et al.* (2003), Lang *et al.* (2006), Lau (2007), Rahbari *et al.* (2010), Lam *et al.* (2011), Tang *et al.* (2014) e Nguyen *et al.* (2015) e Awad *et al.* (2016).

**3.1.4: Distribuição dos doentes com cancro da tiroide de acordo com as variáveis clinicopatológicas (grau, estádio, invasividade, nódulo linfático e tamanho do tumor)**

No presente estudo, todos os casos eram de grau I (100,0%, n=111). Em relação ao estágio do tumor, o resultado foi o seguinte: 66,7% (n=74) estavam no estágio I, 19,8% (n=22) estavam no estágio II, 5,4% (n=6) estavam no estágio III e 8,1% (n=9) estavam no estágio IV.

Além disso, a invasividade foi encontrada em 16,2% (n=18) das amostras, enquanto a invasividade não foi encontrada em 83,8% (n=93) das amostras. Além disso, neste estudo, os doentes com cancro da tiroide foram divididos de acordo com o envolvimento dos nódulos linfáticos (secundário) da seguinte forma: 9,9% (n=11) confirmaram ter invasão linfonodal e 90,1% (n=100) não. Por último, os doentes com carcinoma foram divididos em duas categorias de acordo com o tamanho do tumor: a primeira categoria inclui os doentes com menos ou igual a 5 cm, que eram 71,2% (n=79) casos, e a segunda categoria incluiu 28,8% (n=32) doentes com mais de 5 cm (Tabela 3.4).

**Tabela (3.4): Distribuição do cancro da tiroide de acordo com as variáveis clinicopatológicas (grau,**

**estádio, invasividade, invasão linfonodal, tamanho do tumor)**

| Variáveis | Sub-variáveis | Número | Percentagem |
|---|---|---|---|
| Grau | G1 | 111 | 100.0 % |
| | G2, G3 | 0 | 0.00 % |
| Estágio | S1 | 74 | 66.7 % |
| | S2 | 22 | 19.8 % |
| | S3 | 6 | 5.4 % |
| | S4 | 9 | 8.1 % |
| Invasividade | Sim | 18 | 16.2 % |
| | Não | 93 | 83.8 % |
| Invasão de gânglios linfáticos | Sim | 11 | 9.9 % |
| | Não | 100 | 90.1 % |
| Tamanho do tumor | $\leq 5$ cm | 79 | 71.2 % |
| | $> 5$ cm | 32 | 28.8 % |
| Total | | 111 | 100.0% |

A classificação foi avaliada de acordo com o sistema de classificação de carcinoma da tiroide da OMS por histopatologistas, no nosso estudo não foram calculadas estatísticas porque o grau é uma constante, em que todos os espécimes tinham grau I, o que significa que todas as células tumorais eram bem diferenciadas.

Foi utilizado o sistema de estadiamento tumor-nódulo linfático-metástase (TNM) do "American Joint Committee Cancer (AJCC) (AJCC e Edge, 2010) e da União Internacional contra o Cancro (UICC) (Greene e Page 2002)" para estadiar os doentes por especialidades. Os resultados de Al-Amri (2012) mostraram que o estádio I correspondia a 77 (73%) dos 106 casos, os estádios II e III correspondiam a 21 (20%) e o estádio IV a 8 (7%). Além disso, Lau (2007) obteve os seguintes resultados: 31 (43,7%) casos de 71 estavam no estádio I, 7 (9,9%) casos no estádio II, 32 (45,1%) no estádio III e 1 (1,3%) caso no estádio IV. Além disso, Lam *et al.* (2011) observaram no seu estudo que o estádio I era constituído por 32 casos de 59 (54,2%), o estádio II por 1 (1,7%), o estádio III por 18 (30,5%) e o estádio IV por 8 (13,6%).

A invasividade é a permeação das células cancerosas da tiroide para os tecidos vizinhos, o que leva à expansão de tumores ou metástases para outras partes do corpo (Vasko e Saji, 2007). A percentagem de invasividade do carcinoma da tiroide no presente estudo foi inferior à de não-invasividade.

Uma das variáveis que estudámos é o envolvimento secundário dos gânglios linfáticos, a presença de gânglios linfáticos secundários foi associada ao agravamento do tumor. Os nossos resultados mostraram que a proporção de invasão linfonodal ausente foi maior em comparação com a invasão dos gânglios linfáticos no carcinoma da tiroide. Em um estudo de Lee e Lee (2013), eles mostraram que a invasão foi encontrada em 141 (83,9%) amostras de 166, quando não foi encontrada em 25 (14,9%) amostras. Já no estudo de Lam *et al.* (2011), a invasividade esteve presente em 31 (52,5%) casos de um total de 59, enquanto esteve ausente em 28 (47,5%) casos. Relativamente ao estudo de Lau (2007), verificou-se que, de um total de 71 casos de cancro da tiroide, a invasividade estava presente em 39 (54,9%) casos, enquanto estava ausente em 32 (45,1%) casos.

Neste estudo, considerámos o tamanho do tumor como sendo inferior ou igual a 5 cm e superior a 5 cm. A maioria das células tumorais era menor ou igual a 5 cm. Isso é idêntico ao estudo de Lau (2007), onde ele mostrou que 63 (88,7%) eram menores ou iguais a 5 cm e 8 (11,3%) eram maiores que 5 cm. Além disso, isso concorda com o estudo Lam *et al.* (2011) foram os resultados como segue: 62 amostras menores ou iguais a 5 cm e 9 amostras maiores que 5 cm.

## 3.2: Expressão e intensidade de TGFα

### 3.2.1: Expressão e intensidade no carcinoma da tiroide, nas neoplasias benignas e nos doentes do grupo de controlo

Os resultados da imunohistoquímica mostraram que a expressão de TGFα era positiva em 76 (68,47%) dos carcinomas da tiroide de um total de 111 casos, enquanto que nos casos benignos 20 (43,48%) doentes apresentavam uma expressão positiva de um total de 46 casos, enquanto que no grupo de controlo 4 (19,05%) casos apresentavam uma expressão positiva de um total de 21 casos (Fig. 3.1).

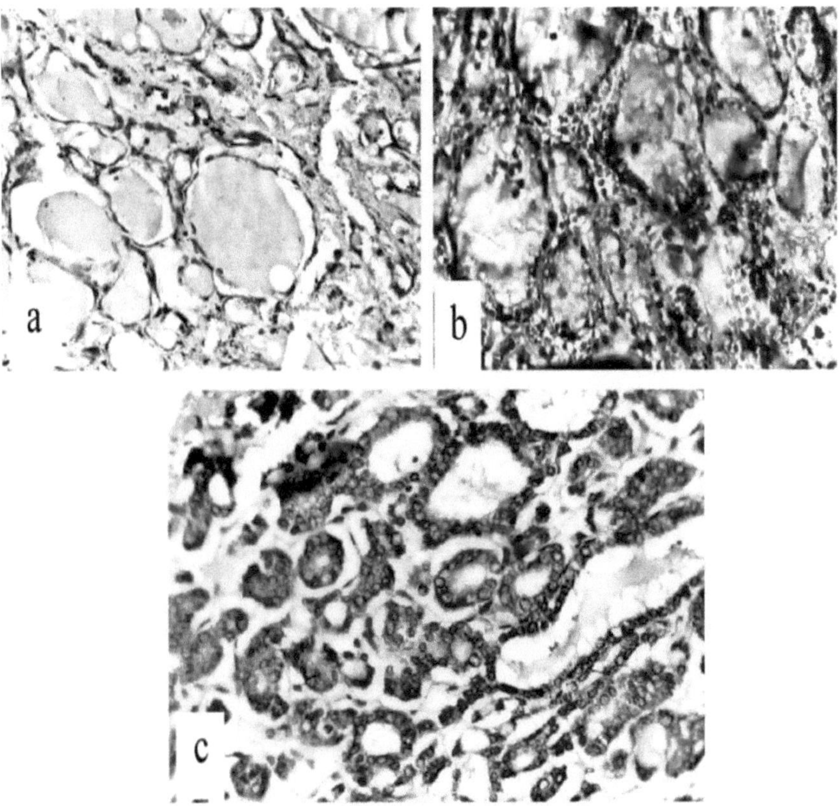


**Figura (3.1):** Lâminas representativas da coloração de TGF-α: ABC por imunohistoquímica no carcinoma da tiroide mostraram coloração citoplasmática: (a) hiperplasia (b) adenoma folicular (c) carcinoma papilar (coloração com Hematoxilina e DAB, Ampliação: 40X).

Quando o carcinoma da tiroide foi comparado com as neoplasias benignas, verificou-se uma diferença altamente significativa (p= 0,002) entre o carcinoma da tiroide e as neoplasias benignas no que se refere à expressão de TGFα (Tabela 3.5), bem como quando se comparou o carcinoma da tiroide com o grupo de controlo (Tabela 3.6). Os resultados mostraram que também existia uma diferença altamente significativa entre os doentes com carcinoma da tiroide e o grupo de controlo (p= 0,000). Além disso, os doentes com tumores benignos e os casos do grupo de controlo apresentaram uma diferença significativa (p= 0,046) (Tabela 3.7).

Relativamente à avaliação da intensidade da expressão do TGF-α nos doentes com carcinoma da tiroide, os resultados revelaram que 35 (31,53%) doentes foram negativos (score 0), enquanto que a intensidade da expressão foi positiva em 76 (68,5%) dos casos, que se distribuíram da seguinte forma: score +1; 19 (17,12%) casos, score +2; 43 (38,74%) casos e score +3; 14 (12,61%) casos. Relativamente às neoplasias benignas, a intensidade da expressão do TGF-α foi negativa em 26 (56,52%) casos (score 0) e positiva em 20 (43,48%) casos, distribuídos da seguinte forma 3 (6,52%) casos foram score +1, 15 (32,61%) casos foram score +2 e 2 (4,35%) casos foram score +3. Também no grupo de controlo a intensidade da expressão do TGF-α foi: 17 (80,95%) negativos (score 0), enquanto que apenas 4 (19,05%) casos foram positivos e distribuídos da seguinte forma: score +1; 1 (4,76%) caso, score +2; 3 (14,29%) casos, e não houve nenhum caso no score +3.Quando se comparou o carcinoma da tiroide com as neoplasias benignas, não se verificaram diferenças significativas em relação à intensidade da expressão de TGFα (p>0,05), assim como não se verificaram diferenças significativas entre o carcinoma da tiroide e o grupo de controlo (p>0,05). Também em relação à intensidade da expressão de TGFα entre as neoplasias benignas e o grupo de controlo não foram encontradas diferenças estatisticamente significativas (p>0,05) (Fig. 3.2).

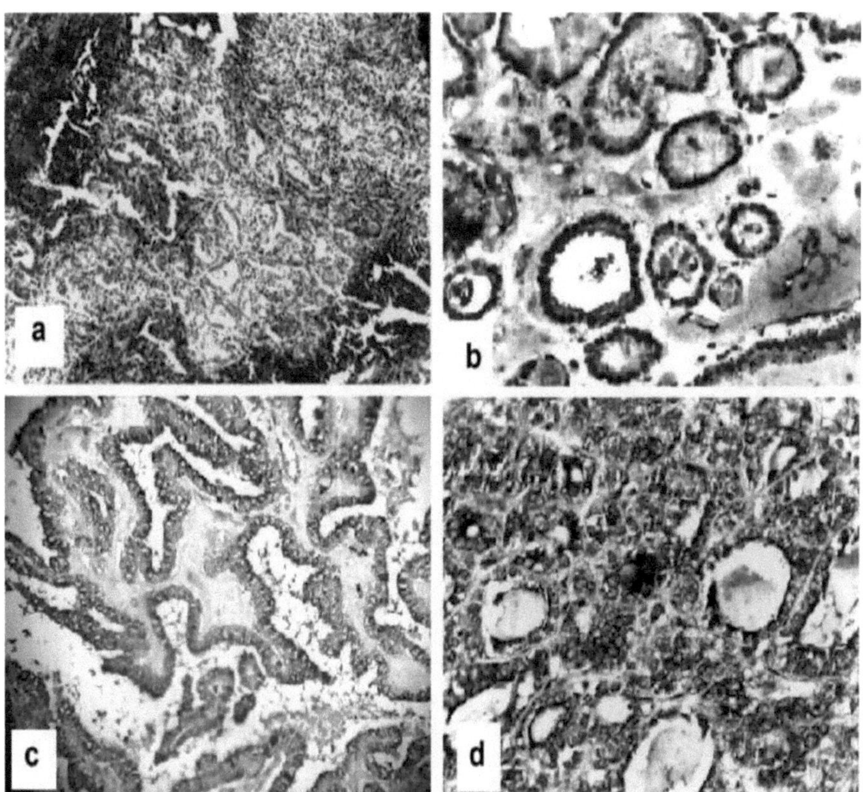

**Figura (3.2):** Lâminas representativas da coloração de TGF-α: ABC por imunohistoquímica no carcinoma da tiroide mostraram coloração citoplasmática: (a) coloração negativa (b) coloração positiva pontuação +1 (c) coloração positiva pontuação +2 (d) coloração positiva pontuação +3 (coloração com Hematoxilina e DAB, Ampliação: 40X).

A comparação da intensidade de expressão do TGF entre os doentes com carcinoma da tiroide e os doentes benignos e o grupo de controlo é apresentada nas Tabelas (3.5), (3.6) e (3.7).

**Tabela (3.5): Expressão e intensidade de TGFα no carcinoma da tiroide em comparação com neoplasias benignas de doentes da tiroide**

| Casos | Expressão de TGFα | | Intensidade do TGFα | | | | Total N.º |
|---|---|---|---|---|---|---|---|
| | -ve Não. % | +ve N.º % | 0 Não. % | +1 Não. % | +2 N.º % | +3 Não. % | % |

| | 35 | 76 | 35 | 19 | 43 | 14 | 111 |
| Tiroide carcinoma | 31.53% | 68.47% | 31.53% | 17.12% | 38.74% | 12.61% | 100.0% |
| | 26 | 20 | 26 | 3 | 15 | 2 | 46 |
| Benigno neoplasias | 56.52% | 43.48% | 56.52% | 6.52% | 32.61% | 4.35% | 100.0% |
| | 61 | 96 | 61 | 22 | 58 | 16 | 157 |
| Total | 38.85% | 61.15% | 38.85% | 14.01% | 36.94% | 10.20% | 100.0% |
| p.valor | altamente significativo p= 0,002 | | não significativo p= 0,378 | | | | |

Tabela (3.6): Expressão e intensidade de TGFα no carcinoma da tiroide em comparação com o grupo de controlo de doentes da tiroide

| | Expressão de TGFα | | Intensidade do TGFα | | | | Total |
| Casos | -ve Não. % | +ve N.º % | 0 N.º % | +1 Não. % | +2 N.º % | +3 Não. % | Não.% |
| --- | --- | --- | --- | --- | --- | --- | --- |
| Tiroide carcinoma | 35 31.53% | 76 68.47% | 35 31.53% | 19 17.12% | 43 38.74% | 14 12.61% | 111 100.0% |
| Grupo de controlo | 17 80.95% | 4 19.05% | 17 80.95% | 1 4.76 % | 3 14.29% | 0 0.00% | 21 100.0% |
| Total | 52 39.39% | 80 60.61% | 52 39.39% | 20 15.15 % | 46 34.85% | 14 10.61% | 132 100.0% |
| p.valor | altamente significativo p= 0,000 | | não significativo p= 1,000 | | | | |

Tabela (3.7): Expressão e intensidade de TGFα nas neoplasias benignas e no grupo de controlo de doentes com tiroide

| | Expressão de TGFα | | Intensidade do TGFα | | | | Total N.º % |
| Casos | -ve Não. % | +ve N.º % | 0 N.º % | +1 Não. % | +2 N.º % | +3 Não. % | |
| --- | --- | --- | --- | --- | --- | --- | --- |
| Benigno | 26 | 20 | 26 | 3 | 15 | 2 | 46 |

| | | | | | | | |
|---|---|---|---|---|---|---|---|
| **neoplasias** | 56.52% | 43.48% | 56.52% | 6.52% | 32.61% | 4.35% | 100.0% |
| **Grupo de controlo** | 17 | 4 | 17 | 1 | 3 | 0 | 21 |
| | 80.95% | 19.05% | 80.95% | 4.76 % | 14.29% | 0.00% | 100.0% |
| **Total** | 43 | 24 | 43 | 4 | 18 | 2 | 67 |
| | 64.18% | 35.82% | 64.18% | 5.97% | 26.87 % | 2.98 % | 100.0% |
| **p.valor** | signi p= 0'icante .046 | | **não significativo p= 1,000** | | | | |

Este estudo mostrou que houve uma diferença altamente significativa da expressão de TGFα entre o carcinoma da tiroide e as lesões benignas (p < 0,05). Além disso, houve uma diferença altamente significativa da expressão de TGFα entre o carcinoma da tiroide e o grupo de controlo não neoplásico. Isso foi compatível com os resultados de Lam *et al.* (2011) e Lau (2007). A sobreexpressão de TGFα foi observada numa variedade de cancros humanos, incluindo o cancro hepatocelular, de (Daveau *et al.*, 2003), cancro do ducto salivar (Fan *et al.*, 2001) e gástrico (Konturek *et al.*, 2001).

Num estudo realizado por Lam *et al.*(2011), verificaram que um nível elevado de expressão de TGF-α foi observado em 77% (55 de 71) dos cancros da tiroide.

Além disso, neste estudo, comparámos a expressão de TGFα entre neoplasias benignas e o grupo de controlo não neoplásico, enquanto a maioria dos outros estudos comparou apenas os doentes com carcinoma da tiroide com neoplasias benignas ou com o grupo de controlo não neoplásico. No presente estudo, observámos que houve uma diferença significativa na expressão de TGFα (p<0,05) entre os doentes benignos e o grupo de controlo não neoplásico

No estudo realizado por Lau (2007), foram analisados 59 doentes com carcinoma papilar da tiroide e 10 neoplasias benignas da tiroide. Os resultados observaram que todos os casos de carcinoma papilar da tiroide apresentavam TGFα positivo, em comparação com apenas 20% nas neoplasias benignas da tiroide, sendo que, das 59 amostras, 39 (66%) apresentavam uma expressão elevada e 20 (34%) uma expressão mais baixa, enquanto que, no caso das neoplasias benignas da tiroide, todas as amostras positivas foram classificadas como de expressão mais baixa. Além disso, não houve diferença significativa (P>0,05) da intensidade de TGFα entre pacientes com carcinoma da tiroide e neoplasias benignas. O mesmo se aplica à intensidade de TGFα entre o carcinoma da tiroide e o grupo de controlo não neoplásico, não se verificou uma diferença significativa (P>0,05), o que é consistente com os resultados de Lau (2007).

Os nossos resultados concluíram que existe uma forte relação entre a expressão de TGFα e o cancro da tiroide.

### 3.2.2: Expressão e intensidade de TGFα no carcinoma da tiroide de acordo com os grupos etários

A análise da expressão de TGFα por IHC em relação ao grupo etário dos doentes com carcinoma da tiroide revelou que o TGFα positivo foi registado em 5 (55,6%) casos no grupo etário (11-20), 11 (29,75%) casos no grupo etário (21-30), 10 (37.0%) casos no grupo etário (31-40), 6 (30,0%) casos no grupo etário (41-50), 2 (20,0%) casos no grupo etário (51-60), 1 (20,0%) casos no grupo etário (61-70) e não houve casos positivos no último grupo etário (71-80).

A intensidade do TGFα foi avaliada em relação às faixas etárias dos pacientes, na faixa etária (11-20): 5 (55,5%) casos apresentaram escore 0, 2 (22,2%) casos com escore +1, 2 (22,2%) casos com escore +2 e 0(0,0%) casos com escore +3. Enquanto que, no grupo etário (21-30): 11 (29,7%) casos tiveram escore 0, 11 (29,7%) casos com escore +1, 10 (27,1%) casos com escore +2 e 5(13,5%) casos com escore +3. No grupo etário (31-40): 10 (37,1%) casos tiveram escore 0, 0 (0,0%) casos com escore +1, 11 (40,7%) casos com escore +2 e 6 (22,2%) casos com escore +3. No grupo etário (41-50): 6 (30,0%) casos tiveram escore 0, 5 (25,0%) casos com escore +1, 7 (35,0%) casos com escore +2 e 2 (10,0%) casos com escore +3. No grupo etário (51-60): 2 (20,0%) casos tiveram escore 0, 1 (10,0%) casos com escore +1, 6 (60,0%) casos com escore +2 e 1 (10,0%) casos com escore +3. No grupo etário (61-70): 1 (20,0%) casos tiveram escore 0, nenhum caso com escore +1, 4 (80,0%) casos com escore +2 e nenhum caso com escore +3. Finalmente, no grupo etário (71-80): não houve nenhum caso com pontuação 0 ou +1, 3 (100%) casos com pontuação +2 e nenhum caso com pontuação +3 (Tabela 3.8).

**Tabela (3.8): Expressão e intensidade de TGFα no cancro da tiroide de acordo com os grupos etários**

| Faixa etária (anos) | Expressão de TGFα | | Intensidade do TGFα | | | | Total |
| | -ve Não. % | +ve N.º % | 0 Não. % | +1 Não. % | +2 N.º % | +3 Não. % | Não.% |
|---|---|---|---|---|---|---|---|
| 11 - 20 | 4 44.4% | 5 55.6% | 5 55.5% | 2 22.2% | 2 22.2% | 0 0.0%% | 9 100.0% |
| 21 - 30 | 26 70.3% | 11 29.75% | 11 29.7% | 11 29.7% | 10 27.1% | 5 13.5% | 37 100.0% |
| 31 - 40 | 17 63.0% | 10 37.0% | 10 37.1% | 0 0.0% | 11 40.7% | 6 22.2% | 27 100.0% |
| 41 - 50 | 14 70.0% | 6 30.0% | 6 30.0% | 5 25.0% | 7 35.0% | 2 10.0% | 20 100.0% |
| 51 - 60 | 8 80.0% | 2 20.0% | 2 20.0% | 1 10.0% | 6 60.0% | 1 10.0% | 10 100.0% |
| 61 - 70 | 4 80.0% | 1 20.0% | 1 20.0% | 0 0.0% | 4 80.0% | 0 0.0% | 5 100.0% |
| 71 - 80 | 3 100.0 | 0 0.0% | 0 0.0% | 0 0.0% | 3 100.0% | 0 0.0% | 3 100.0% |
| Total | 76 68.0% | 35 31.5% | 35 31.5% | 19 17.1% | 43 38.7% | 14 12.6% | 111 100.0% |
| p.valor | não significativo p= 0,618 | | não significativo p= 0,080 | | | | |

Diferença significativa p<0,05

Não houve relação significativa (p>0,05) entre a faixa etária e a expressão de TGFα. E também, não houve correlação significativa entre a intensidade do TGFα o em relação aos grupos etários dos pacientes (p>0,05). Esses resultados são consistentes com o estudo de Lau (2007) e Lam *et al.* (2011) que mostraram que não houve relação entre a expressão de TGFα e as faixas etárias.

### 3.2.3: Expressão e intensidade de TGFα no carcinoma da tiroide de acordo com o sexo

A análise da expressão do TGFα em relação ao sexo dos doentes com carcinoma da tiroide mostrou que o TGFα positivo foi registado em 62 (73,8%) doentes do sexo feminino, enquanto 14 (51,9%) casos eram do sexo masculino.

A avaliação da intensidade da expressão do TGFα na neoplasia maligna da tiroide em relação ao sexo dos doentes mostrou que: no sexo feminino 22 (26,2%) casos tiveram pontuação 0, 17 (20,2%) casos com pontuação +1, 34 (40.5%) casos com pontuação +2 e 11 (13,1%) casos com pontuação +3, enquanto nos homens 13 (48,1%) casos tiveram pontuação 0, 2 (7,4%) casos com pontuação +1, 9 (33,3%) casos com pontuação +2 e 3 (11,1%) casos com pontuação +3 (Tabela 3.9).

**Tabela (3.9): Expressão e intensidade de TGFα no carcinoma da tiroide de acordo com o género**

| Género | Expressão de TGFα | | Intensidade do TGFα | | | | Total |
| | -ve N.º % | +ve N.º % | 0 N.º % | +1 Não. % | +2 N.º % | +3 Não. % | Não.% |
|---|---|---|---|---|---|---|---|
| Masculino | 13 48.1% | 14 51.9% | 13 48.1% | 2 7.4% | 9 33.3% | 3 11.1% | 27 100.0% |
| Mulheres | 22 26.2% | 62 73.8% | 22 26.2% | 17 20.2% | 34 40.5% | 11 13.1% | 84 100.0% |
| Total | 35 31.5 | 76 68.5% | 35 31.5% | 19 17.1% | 43 38.7% | 14 12.6% | 111 100.0% |
| p.valor | significativo p= 0,031 | não significativo p= 0,144 | | | | | |

Diferença significativa p<0,05

Foi encontrada uma relação significativa para a expressão de TGFα em relação ao género dos doentes (p= 0,031). Considerando que o carcinoma da tiroide ocorre numa taxa de cerca de três vezes ou mais nas mulheres do que nos homens (Rahbari *et al.*, 2010). Não houve uma relação significativa (p> 0,05) entre a intensidade de TGFα e o género dos doentes.

Verificou-se uma diferença significativa (p= 0,031) da expressão de TGFα relacionada com o género dos casos de carcinoma da tiroide, o que contraria o observado por Lau (2007) no seu estudo. Ele descobriu que a expressão de TGFα não tinha diferença significativa associada à faixa etária. Também Lam *et al.* (2011) concordaram com este ponto de vista, que mostrou que não havia diferença significativa associada à expressão de TGFα e ao género.

### 3.2.4: Expressão e intensidade de TGFα no carcinoma da tiroide de acordo com o tipo histológico

De acordo com o tipo histológico, os doentes com carcinoma da tiroide foram classificados em três categorias: carcinoma papilar, carcinoma folicular e outros tipos raros de carcinoma da tiroide. A análise imuno-histoquímica (IHC) da expressão de TGFα foi corada positivamente em 64 (68,1%) casos de carcinoma papilar em 94, 6 (60,0%) casos de carcinoma folicular em 10 e 6 (85,7%) casos de outros tipos de carcinoma da tiroide em 7 casos (Fig. 3.3).

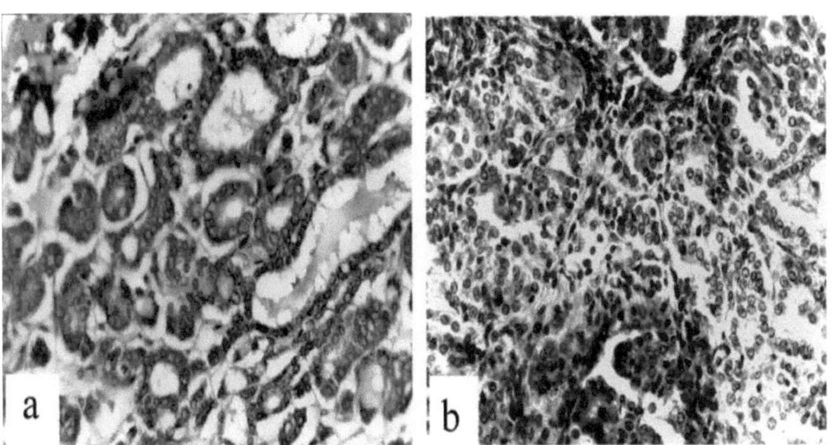


**Figura (3.3):** Lâminas representativas da coloração de TGF-α: ABC por imunohistoquímica no carcinoma da tiroide mostraram coloração citoplasmática: (a) variante folicular do carcinoma papilar da tiroide (b) carcinoma folicular da tiroide (coloração com Hematoxilina e DAB,

Ampliação: 40X).

A intensidade da expressão de TGFα no carcinoma papilar da tiroide foi a seguinte 30 (31,9%) casos negativos (score 0), score +1; 17 (18,1 %) casos, score +2; 35 (37,2%) casos e 12 (12,8%) casos em score +3. No carcinoma folicular da tiroide, 4 (40,0%) casos em cada 10 tinham score 0, 1 (10,0%) caso com score +1, 4 (40,0%) casos com score +2 e 1 (10,0%) caso com score +3. Enquanto nos outros tipos de carcinoma da tiroide, 1 (14,3%) caso em 7 tinha pontuação 0, 1 (14,3%) caso com pontuação +1, 4 (57,1%) casos com pontuação +2 e 1 (14,3%) caso com pontuação +3 (Tabela 3.10).

**Tabela (3.10): Expressão e intensidade de TGFα no carcinoma da tiroide de acordo com o tipo histológico**

| Tipo histológico | Expressão de TGFα | | Intensidade do TGFα | | | | Total N.º % |
|---|---|---|---|---|---|---|---|
| | -ve N.º % | +ve N.º % | 0 Não. % | +1 Não. % | +2 N.º % | +3 Não. % | |
| Tiroide papilar carcinoma | 30 31.9% | 64 68.1% | 30 31.9% | 17 18.1% | 35 37.2% | 12 12.8% | 94 100.0% |
| Tiroide folicular carcinoma | 4 40.0% | 6 60.0% | 4 40.0% | 1 10.0% | 4 40.0% | 1 10.0% | 10 100.0% |
| Outros tipos | 1 14.3% | 6 85.7% | 1 14.3% | 1 14.3% | 4 57.1% | 1 14.3% | 7 100.0% |
| Total | 35 31.5% | 76 62.5% | 35 31.5% | 19 17.1% | 43 38.7% | 14 17.6% | 111 100.0% |
| p.valor | não significativo p= 0,531 | | não significativo p= 0,943 | | | | |

Diferença significativa p<0,05

Neste estudo, os resultados mostraram que a expressão positiva de TGFα não foi significativamente associada a diferentes tipos histológicos de tumor de carcinoma da tiroide (p>0,05). Também não houve diferença significativa em relação à intensidade da expressão de TGFα com o tipo histológico do carcinoma (p>0,05).

### 3.2.5: Expressão e intensidade de TGFα no carcinoma da tiroide de acordo com a classificação

A classificação ajuda a compreender a agressividade e a malignidade da neoplasia. Com base no "American Joint Committee on Cancer 2014 and World Health Organization (WHO) Grading System", a neoplasia da tiroide é classificada em quatro graus: I, II, III e IV, sendo que o grau mais elevado indica um aumento da malignidade do tumor.

Relativamente ao grau do tumor, no nosso estudo não foram calculadas estatísticas porque o grau é uma constante, sendo que todos os espécimes tinham grau 1.

### 3.2.6: Expressão e intensidade de TGFα no carcinoma da tiroide de acordo com o estadiamento

A expressão de TGFα foi positiva em 51 (68,9%) casos do estádio I, 13 (59,1%) casos do estádio II, 3 (50,0%) casos do estádio III e 9 (100,0%) casos do estádio IV.

A intensidade da expressão de TGFα foi estimada em relação ao estadio do tumor, no estadio I, 23 (31,1%) casos de 74 tinham pontuação 0, 14 (18,9%) casos com pontuação +1, 26 (35,1%) casos com pontuação +2 e 11 (14,9%) casos com pontuação +3, no estadio II, 9 (40.9%) dos 22 casos tinham score 0, 2 (9,1%) casos com score +1, 9 (40,9%) casos com score +2 e 2 (9,1%) casos com score +3, enquanto no estádio III, 3 (50,0%) dos 6 casos tinham score 0, 2 (33,3%) casos com score +1, 1 (16,7%) caso com score +2 e não houve casos com score +3. Quanto ao estádio IV: nenhum caso com pontuação 0, 1 (11,1%) caso com pontuação +1, 7 (77,8%) casos com pontuação +2 e 1 (11,1%) caso com pontuação +3 (Tabela 3.11).

**Tabela (3.11): Expressão e intensidade de TGFα no carcinoma da tiroide de acordo com o estádio**

| Estágio | Expressão de TGFα | | Intensidade do TGFα | | | | Total N.º % |
|---|---|---|---|---|---|---|---|
| | -ve<br>Não. % | +ve<br>Não. % | 0<br>Não. % | +1<br>Não. % | +2<br>Não. % | +3<br>Não. % | |

| | 23 | 51 | 23 | 14 | 26 | 11 | 74 |
|---|---|---|---|---|---|---|---|
| **Fase I** | 31.1% | 68.9% | 31.1% | 18.9% | 35.1% | 14.9% | 100.0% |
| **Fase II** | 9 | 13 | 9 | 2 | 9 | 2 | 22 |
| | 40.9% | 59.1% | 40.9% | 9.1% | 40.9% | 9.1% | 100.0% |
| **Fase III** | 3 | 3 | 3 | 2 | 1 | 0 | 6 |
| | 50.0% | 50.0% | 50.0% | 33.3% | 16.7% | 0.0% | 100.0% |
| **Fase IV** | 0 | 9 | 0 | 1 | 7 | 1 | 9 |
| | 0.0% | 100.0% | 0.0% | 11.1% | 77.8% | 11.1% | 100.0% |
| **Total** | 35 | 76 | 35 | 19 | 43 | 14 | 111 |
| | 31.5% | 68.5% | 31.5% | 38.7% | 38.7% | 12.6% | 100.0% |
| **p.valor** | não significativo p= 0,860 | | não significativo p= 0,198 | | | | |

Diferença significativa p<0,05

O estádio foi classificado de acordo com o sistema de estadiamento TNM do American Joint Committee on Cancer (AJCC) (AJCC e Edge, 2010) e da International Union against Cancer (UICC) (Greene e Page 2002). A análise estatística mostrou que não houve associação significativa (p>0,05) para a expressão de TGFα em relação ao estádio do carcinoma da tiroide.

Este facto é compatível com um estudo realizado por Lau (2007) que analisou não ter sido observada uma diferença significativa na expressão de TGFα com o estádio do tumor.

Quanto à correlação entre a intensidade do TGFα em relação ao estádio do carcinoma da tiroide, também não se verificaram diferenças significativas (p>0,05).

### 3.2.7: Expressão e intensidade de TGFα no carcinoma da tiroide de acordo com a invasividade

Entre os doentes com carcinoma invasivo da tiroide, 15 (83,3%) eram positivos para o TGFα, enquanto 61 (65,6%) dos casos não invasivos eram positivos para o TGFα.

A estimativa da intensidade da expressão de TGFα nos tumores malignos da tiroide em relação à invasividade do tumor detectou que; nos tumores invasivos, 3 (16,7%) casos tinham pontuação 0, 3 (16,7%) casos com pontuação +1, 11 (61.1%) casos com pontuação +2, e apenas 1 (5,6%) caso com pontuação +3. Enquanto os tumores não invasivos apresentavam 32 (34,4%) casos com pontuação 0, 16 (17,2%) casos com pontuação +1, 32 (34,4%) casos com pontuação +2, e 13 (14,0%) casos com pontuação +3 (Tabela 3.12).

**Tabela (3.12): Expressão e intensidade de TGFα no carcinoma da tiroide de acordo com a invasividade**

| Invasividade | Expressão de TGFα | | Intensidade do TGFα | | | | Total |
|---|---|---|---|---|---|---|---|
| | -ve Não. % | +ve N.º % | 0 N.º % | +1 Não. % | +2 N.º % | +3 Não. % | Não.% |
| Sim | 3 16.7% | 15 83.3% | 3 16.7% | 3 16.7% | 11 61.1% | 1 5.6% | 18 100.0% |
| Não | 32 34.4% | 61 65.6% | 32 34.4% | 16 17.2% | 32 34.4% | 13 14.0% | 93 100.0% |
| Total | 35 31.5% | 76 68.5% | 35 31.5% | 19 17.1% | 43 38.7% | 14 12.6% | 111 100.0% |
| p.valor | não significativo p= 0,111 | | não significativo p= 0,166 | | | | |

Não se registou uma associação significativa (p>0,05) entre a expressão de TGFα e a invasividade do tumor. Este facto é consistente com o estudo de cada um dos Lau (2007) e Lam *et al.* (2011) que verificaram não haver correlação entre a expressão de TGFα e a invasividade do tumor. Por outro lado, não houve correlação significativa entre a invasividade do tumor em relação à intensidade de TGFα (p>0,05).

## 3.2.8: Expressão e intensidade de TGFα no carcinoma da tiroide de acordo com o nódulo linfático

Neste estudo, os doentes com cancro da tiroide foram divididos de acordo com a invasão dos gânglios linfáticos da seguinte forma: 9,9% (n=11) casos foram confirmados como tendo invasão linfonodal e 90,1% (n=100) casos sem invasão linfonodal. Assim, a expressão de TGFα foi relatada positivamente em apenas 7 (63,6%) casos com invasão linfonodal e 69 (69,0%) casos sem invasão linfonodal.

A intensidade da expressão de TGFα foi observada em relação à invasão linfonodal, na invasão linfonodal: 4 (36,0%) casos obtiveram escore 0, 2 (18,2%) casos com cscore +1, 4 (36,4%) casos com escore +2 e apenas 1 (9,1%) caso com escore +3. enquanto que a não invasão linfonodal foram 31 (31,0%) casos com escore 0, 17 (17,0%) casos com escore +1, 39 (39,0%) casos com escore +2 e 13 (13,0%) casos com escore +3 (Tabela 3.13).

**Tabela (3.13): Expressão e intensidade de TGFα no carcinoma da tiroide de acordo com o nódulo linfático**

invasão

| Invasão de gânglios linfáticos | Expressão de TGFα | | Intensidade do TGFα | | | | Total N.º % |
|---|---|---|---|---|---|---|---|
| | -ve Não. % | +ve N.º % | 0 N.º % | +1 Não. % | +2 N.º % | +3 Não. % | |
| Sim | 4 36.4% | 7 63.6% | 4 36.0% | 2 18.2% | 4 36.4% | 1 9.1% | 11 100.0% |
| Não | 31 31.0% | 69 69.0% | 31 31.0% | 17 17.0% | 39 39.0% | 13 13.0% | 100 100.0% |
| Total | 35 31.5% | 76 68.5% | 35 31.05% | 19 17.1% | 43 38.7% | 14 12.6% | 111 100.0% |
| p.valor | não significativo p= 0,477 | | não significativo p= 1,000 | | | | |

Não houve diferença significativa (p >0,05) para a expressão de TGFα com a invasão de linfonodos. Este resultado está de acordo com os resultados de Lam *et al.* (2011), que concluíram que a expressão de TGFα não tinha diferenças significativas associadas à invasão dos gânglios linfáticos. No entanto, este resultado é contrário ao estudo efectuado por Lau (2007), que verificou que existia uma diferença significativa na expressão de TGFα na invasão dos gânglios linfáticos.

Além disso, não houve correlação significativa (p >0,05) entre a intensidade do TGFα em relação à invasão linfonodal.

### 3.2.9: Expressão e intensidade de TGFα no carcinoma da tiroide de acordo com o tamanho do tumor

Os doentes com carcinoma foram divididos de acordo com o tamanho do tumor em duas categorias; a primeira categoria incluía doentes com menos ou igual a 5 cm, que eram 71,2% (n=79) casos, e a segunda categoria tinha 28,8% (n=32) de doentes com mais de 5 cm. A expressão de TGFα foi positiva em 57 (72,2%) dos pacientes com tamanho de tumor igual ou inferior a 5 cm e em 19 (59,4%) dos pacientes com tamanho de tumor superior a 5 cm.

A avaliação da intensidade da expressão de TGFα na neoplasia maligna da tiroide em relação ao tamanho do tumor revelou que; no doente com tamanho do tumor inferior ou igual a 5 cm: 22 (27,9%) casos com pontuação 0, 15 (19,0%) casos com pontuação +1, 31 (39,2%) casos com pontuação +2, e 11 (13,9%) casos com pontuação +3, enquanto o tamanho do tumor superior a 5 cm: 13 (40,6%) casos com escore 0, 4 (12,5%) casos com escore +1, 12 (37,5%) casos com escore +2 e 3 (9,4%) casos com escore +3 (Tabela 3.14).

**Tabela (3.14): Expressão e intensidade de TGFα no carcinoma da tiroide de acordo com o tamanho do tumor**

| Tamanho do tumor | Expressão de TGFα | | Intensidade do TGFα | | | | Total N.º % |
|---|---|---|---|---|---|---|---|
| | -ve Não. % | +ve N.º % | 0 Não. % | +1 Não. % | +2 N.º % | +3 Não. % | |
| ≤ 5 cm | 22 27.8 | 57 72.2% | 22 27.9% | 15 19.0% | 31 39.2% | 11 13.9% | 79 100.0% |
| > 5 cm | 13 40.6% | 19 59.4% | 13 40.6% | 4 12.5% | 12 37.5 % | 3 9.4 % | 32 100.0% |

| Total | 35 | 76 | 35 | 19 | 43 | 14 | 111 |
|---|---|---|---|---|---|---|---|
| | 31.5% | 68.5% | 31.5% | 17.2% | 38.7% | 12.6 % | 100.0% |
| p.valor | não significativo p= 0,075 | | não significativo p= 0,800 | | | | |

Diferença significativa p<0,05

No nosso estudo, a expressão de TGFα foi associada marginalmente ao tamanho do tumor (p= 0,075). Num estudo realizado por Lam *et al.* (2011), verificaram que a expressão de TGFα não tinha uma diferença significativa associada ao tamanho do tumor. Também Lau (2007) registou os mesmos resultados.

Quanto à relação entre o tamanho do tumor nos pacientes em relação à intensidade de TGFα, não houve associação significativa (p>0,05). Não houve correlação significativa (p>0,05) entre o tamanho do tumor em relação à intensidade do TGFα.

### 3.3: Expressão e intensidade do EGFR

### 3.3.1: Expressão e intensidade do EGFR no carcinoma da tiroide, nas neoplasias benignas e nos doentes do grupo de controlo

O resultado da expressão do EGFR demonstrou uma expressão positiva em 56 (50,45%) dos 111 casos de doentes com carcinoma da tiroide e 15 (32,61%) casos de doentes benignos foram positivos em 46 casos, enquanto no grupo de controlo 7 (33,33%) casos mostraram uma expressão positiva em 21 casos (Fig. 3.5).

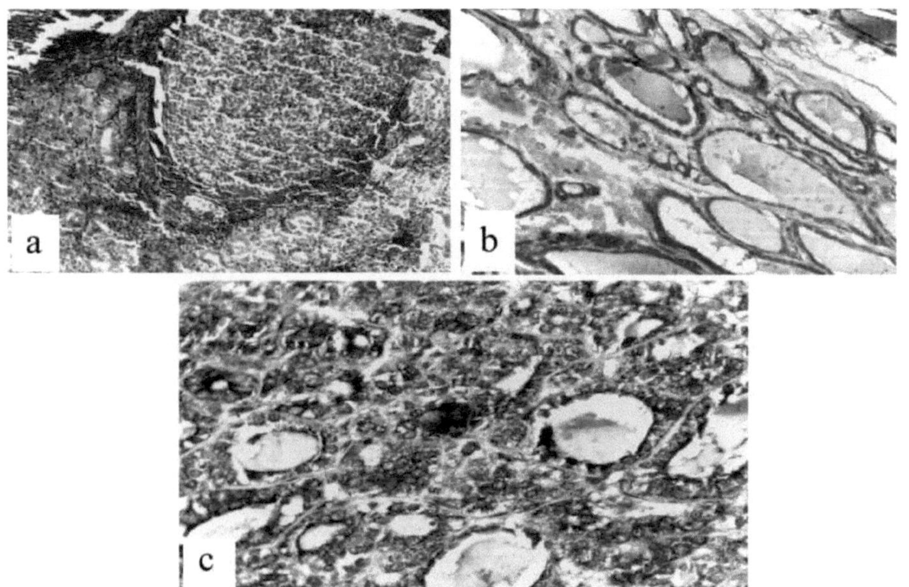

**Figura (3.4):** Lâminas representativas da coloração de EGFR: ABC por imuno-histoquímica no carcinoma da tiroide mostraram coloração citoplasmática: (a) doença de Hashimoto (b) adenoma folicular (c) carcinoma papilar (coloração com Hematoxilina e DAB, Ampliação: 40X).

Ao comparar a expressão do EGFR entre os doentes com carcinoma da tiroide e os doentes com lesões benignas, os resultados demonstraram que não houve uma diferença estatisticamente significativa (p>0,05), nem uma diferença significativa (p>0,05) da expressão entre os doentes com carcinoma da tiroide e o grupo de controlo. Este caso também se aplica quando se compara a expressão de EGFR de doentes benignos e do grupo de controlo, não houve diferença significativa (p> 0,05) entre a expressão. No que diz respeito à avaliação da intensidade da expressão de EGFR em doentes com carcinoma da tiroide, detectou-se que: 55 (49,55%) casos tiveram escore 0, 15 (13,51%) casos com escore +1, 35 (31,53%) casos com escore +2, e menor porcentagem em 6 (5,41%) casos com escore +3. Relativamente à intensidade das lesões benignas, os doentes apresentavam a seguinte distribuição: score 0;                         31 (67,39%) casos, score +1; 5 (10,87%) casos,

No grupo de controlo, 14 (66,67%) casos tinham pontuação 0, 5 (23,81%) casos com pontuação +1, 2 (9,52%) casos com pontuação +2 e pontuação +3; não havendo nenhum caso (2,17%) com pontuação +3. No grupo de controlo, 14 (66,67%) casos tinham pontuação 0, 5 (23,81%) casos com pontuação +1, 2 (9,52%) casos com pontuação +2, e pontuação +3; sem nenhum caso (0,00%) (Fig. 3.5).

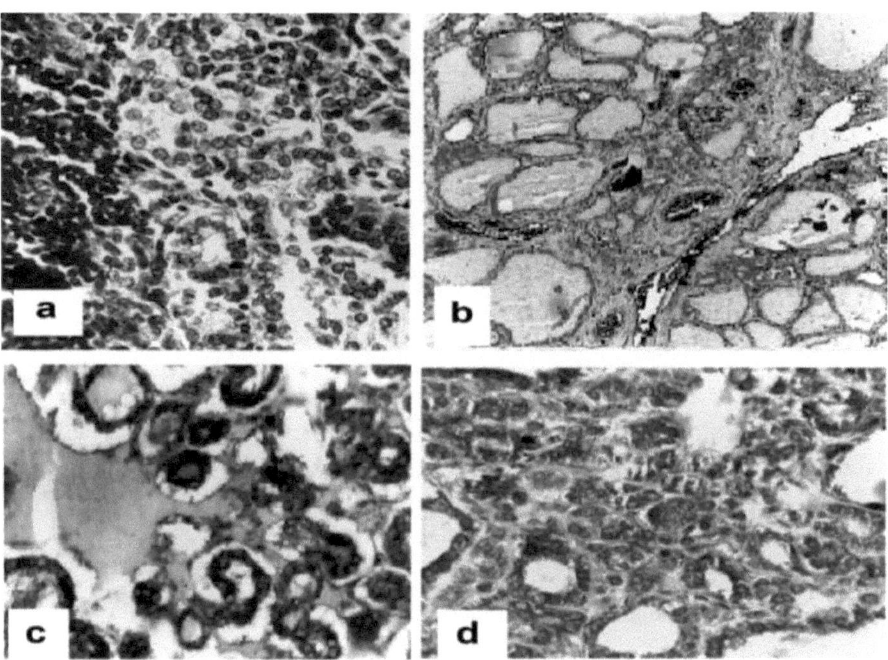


**Figura (3.5):** Lâminas representativas da coloração de EGFR: ABC por imuno-histoquímica no carcinoma da tiroide mostraram coloração citoplasmática: (a) coloração negativa (b) coloração positiva pontuação +1 (c) coloração positiva pontuação +2 (d) coloração positiva pontuação +3 (coloração com Hematoxilina e DAB, Ampliação: 40X).

Relativamente à intensidade da expressão de EGFR, não se verificou qualquer diferença estatisticamente significativa (p>0,05) entre os tumores da tiroide, a comparação entre o carcinoma da tiroide e o grupo de controlo não revelou diferenças significativas (p>0,05). Além disso, não foram encontradas diferenças estatisticamente significativas (p>0,05) entre as neoplasias benignas e o grupo de controlo.

As Tabelas (3.15), (3.16) e (3.17) ilustram a comparação da expressão e intensidade do EGFR entre os doentes com carcinoma da tiroide, neoplasias benignas e o grupo de controlo.

**Tabela (3.15): Expressão e intensidade do EGFR no carcinoma da tiroide em comparação com neoplasias benignas de doentes da tiroide**

| Casos | Expressão de EGFR | | Intensidade do EGFR | | | | Total |
|---|---|---|---|---|---|---|---|
| | -ve N.º % | +ve N.º % | 0 Não. % | +1 Não. % | +2 N.º % | +3 Não. % | Não.% |
| Tiroide carcinoma | 55 49.55% | 56 50.45% | 55 49.55% | 15 13.51% | 35 31.53% | 6 5.41% | 111 100.0% |
| Benigno neoplasias | 31 67.39% | 15 32.61% | 31 67.39% | 5 10.87% | 9 19.57% | 1 2.17% | 46 100.0% |
| Total | 86 54.78% | 71 45.22% | 86 54.78% | 20 12.74% | 44 28.02% | 7 4.46% | 157 100.0% |
| p.valor | não significativo p= 0,300 | | não significativo p= 0,539 | | | | |

**Tabela (3.16): Expressão e intensidade do EGFR no carcinoma da tiroide em comparação com o grupo de controlo de doentes da tiroide**

| Casos | Expressão de EGFR | | Intensidade do EGFR | | | | Total N.º % |
|---|---|---|---|---|---|---|---|
| | -ve N.º % | +ve N.º % | 0 N.º % | +1 Não. % | +2 N.º % | +3 Não. % | |
| Tiroide carcinoma | 55 49.55% | 56 50.45% | 55 49.55% | 15 13.51% | 35 31.53% | 6 5.41% | 111 100.0% |
| Controlo grupo | 14 66.67% | 7 33.33% | 14 66.67% | 5 23.81% | 2 9.52 % | 0 0.00% | 21 100.0% |
| Total | 69 52.27% | 63 47.73% | 69 52.27% | 20 15.15 % | 37 28.03% | 6 4.55% | 132 100.0% |
| p.valor | não significativo p= | | não significativo p= 0,079 | | | | |

|  | 0,069 |  |  |

**Tabela (3.17): Expressão e intensidade do EGFR em neoplasias benignas e no grupo de controlo de doentes com tiroide**

| Casos | Expressão de EGFR | | Intensidade do EGFR | | | | Total N.º |
|---|---|---|---|---|---|---|---|
| | -ve Não. % | +ve N.º % | 0 N.º % | +1 Não. % | +2 N.º % | +3 Não. % | % |
| Benigno neoplasias | 31 67.39% | 15 32.61% | 31 67.39% | 5 10.87% | 9 19.57% | 1 2.17% | 46 100.0% |
| Controlo grupo | 14 66.67% | 7 33.33% | 14 66.67% | 5 23.81% | 2 9.52 % | 0 0.00% | 21 100.0% |
| Total | 45 67.16% | 22 32.84% | 45 67.16% | 10 14.93% | 11 16.42% | 1 1.49% | 67 100.0% |
| p.valor | não significativo p= 0,219 | | não significativo p= 0,235 | | | | |

Quanto à expressão de EGFR, não houve diferença significativa entre o carcinoma da tiroide e os doentes benignos. Além disso, não houve diferença significativa da expressão de EGFR entre o carcinoma da tiroide e o grupo de controlo não canceroso, embora a percentagem de sobreexpressão de EGFR tenha sido positiva em (50,45%) do carcinoma da tiroide, o que é idêntico ao estudo de Gong (2012), mas a proporção foi de apenas (32,61%) em doentes com neoplasias benignas e (33,33%) no grupo de controlo não canceroso. No estudo de Lam *et al.* (2011), o nível de expressão de EGFR foi observado em 54% (38 de 71) dos cancros da tiroide.

Além disso, este estudo comparou a expressão de EGFR entre neoplasias benignas e o grupo de controlo não canceroso, enquanto a maioria dos outros estudos comparou apenas entre doentes com carcinoma da tiroide e neoplasias benignas ou apenas com o grupo de controlo não canceroso. Não se verificou uma relação significativa da expressão de EGFR entre as neoplasias benignas e o grupo de controlo não canceroso.

No estudo realizado por Lau (2007), não se verificou uma associação significativa da intensidade do EGFR entre os doentes com carcinoma da tiroide e os doentes com neoplasias benignas, o mesmo acontecendo com a intensidade do EGFR entre o carcinoma da tiroide e o grupo de controlo não canceroso, não se verificou uma correlação significativa.

Os resultados actuais mostraram que não havia qualquer relação entre a expressão e a intensidade do EGFR no cancro da tiroide.

### 3.3.2: Expressão e intensidade do EGFR no carcinoma da tiroide de acordo com os grupos etários

Na análise de IHC da expressão de EGFR em relação ao grupo etário dos doentes com carcinoma da tiroide, os resultados revelaram que foi registado EGFR positivo em 5 (55,6%) casos no grupo etário (11-20), 15 (40,5%) casos no grupo etário (21-30), 17 (63.0%) casos no grupo etário (31-40), 10 (50,0%) casos no grupo etário (41-50), 4 (40,0%) casos no grupo etário (51-60), 2 (40,0%) casos no grupo etário (61-70) e 3 (66,7%) casos no último grupo etário (71-80).

A intensidade do EGFR foi avaliada em relação aos grupos etários dos doentes, no grupo etário (11-20): 5 (55,6%) casos tiveram escore 0, 2 (22,2%) casos com escore +1, 2 (22,2%) casos com escore +2 e 0(0,0%) casos com escore +3. Enquanto no grupo etário (21-30): 15 (40,5%) casos tiveram escore 0, 6 (16,2%) casos com escore +1, 13 (35,1%) casos com escore +2 e 3 (8,1%) casos com escore +3. No grupo etário (31-40): 17 (63,0%) casos tiveram escore 0, 5 (18,5%) casos com escore +1, 4 (14,8%) casos com escore +2 e 1 (3,7%) caso com escore +3. No grupo etário (41-50): 10 (50,0%) casos tiveram escore 0, 2 (10,0%) casos com escore +1, 8 (40,0%) casos com escore +2 e nenhum caso com escore +3. No grupo etário (51-60): 4 (40,0%) casos tiveram escore 0, nenhum caso com escore +1, 5 (50,0%) casos com escore +2 e 1(10,0%) caso com escore +3. No grupo etário (61-70): 2 (40,0%) casos tiveram pontuação 0, nenhum caso com pontuação +1, 2 (40,0%) casos com pontuação +2 e 1 (20,0%) caso com pontuação +3. Finalmente, no grupo etário (71-80): 2

(40,0%) casos com pontuação 0, nenhum caso com pontuação +1, 2 (40,0%) casos com pontuação +2 e 1 (20,0%) caso com pontuação +3 (Tabela 3.18).

**Tabela (3.18): Expressão e intensidade do EGFR no cancro da tiroide de acordo com os grupos etários**

| Faixa etária (anos) | Expressão de EGFR | | Intensidade do EGFR | | | | Total |
|---|---|---|---|---|---|---|---|
| | -ve Não. % | +ve N.º % | 0 N.º % | +1 Não. % | +2 N.º % | +3 Não. % | Não.% |
| 11 - 20 | 4 44.4% | 5 55.6% | 5 55.6% | 2 22.2% | 2 22.2% | 0 0.00% | 9 100.0% |
| 21 - 30 | 22 59.5% | 15 40.5% | 15 40.5% | 6 16.2% | 13 35.1% | 3 8.1% | 37 100.0% |
| 31 - 40 | 10 37.0% | 17 63.0% | 17 63.0% | 5 18.5% | 4 14.8% | 1 3.7% | 27 100.0% |
| 41 - 50 | 10 50.0% | 10 50.0% | 10 50.0% | 2 10.0% | 8 40.0% | 0 0.0% | 20 100.0% |
| 51 - 60 | 6 60.0% | 4 40.0% | 4 40.0% | 0 0.0% | 5 50.0% | 1 10.0% | 10 100.0% |
| 61 - 70 | 3 60.0% | 2 40.0% | 2 40.0% | 0 0.0% | 2 40.0% | 1 20.0% | 5 100.0% |
| 71 - 80 | 1 33.3% | 3 66.7% | 2 40.0% | 0 0.0% | 2 40.0% | 1 20.0% | 3 100.0% |
| Total | 56 50.5% | 55 49.5% | 55 49.5% | 15 13.5% | 35 31.5% | 6 5.4% | 111 100/0% |
| p.valor | não significativo p= 0,649 | | não significativo p= 0,594 | | | | |

Não houve uma relação significativa (p>0,05) entre o grupo etário e a expressão de EGFR. Também não se verificou uma relação significativa (p>0,05) da intensidade do EGFR em relação aos grupos etários dos doentes.

Esses resultados são consistentes com os resultados de Lau (2007), Lam *et al.* (2011), Lee e Lee (2013) e Tang *et al.* (2014), que mostraram que não havia relação entre a expressão de EGFR e a faixa etária.

### 3.3.3: Expressão e intensidade do EGFR no carcinoma da tiroide de acordo com o género

A análise da expressão do EGFR em relação ao sexo dos doentes com carcinoma da tiroide mostrou que 39 (46,4%) casos de EGFR positivo eram do sexo feminino, enquanto 17 (63,0%) casos eram do sexo masculino.

A avaliação da intensidade da expressão do EGFR na neoplasia maligna da tiroide em relação ao sexo dos doentes mostrou que: no sexo feminino 45 (53,7%) casos foram classificados como 0, 9 (10,7%) casos com classificação +1, 25 (29.7%) casos com pontuação +2, e 5 (5,9%) casos com pontuação +3, enquanto no sexo masculino, 10 (37,0%) casos tiveram pontuação 0, 6 (22,3%) casos com pontuação +1, 10 (37,0%) casos com pontuação +2, e apenas 1 (3,7%) caso com pontuação +3 (Tabela 3.19).

**Tabela (3.19): Expressão e intensidade do EGFR no cancro da tiroide de acordo com o sexo**

| Género | Expressão de EGFR | | Intensidade do EGFR | | | | Total N.º % |
|---|---|---|---|---|---|---|---|
| | -ve N.º % | +ve N.º % | 0 Não. % | +1 Não. % | +2 N.º % | +3 Não. % | |
| Masculino | 10 37.0% | 17 63.0% | 10 37.0% | 6 22.3% | 10 37.0% | 1 3.7% | 27 100.0% |
| Mulheres | 45 53.6% | 39 46.4% | 45 53.7% | 9 10.7% | 25 29.7% | 5 5.9% | 84 100.0% |
| Total | 55 49.5% | 56 50.5% | 55 49.6% | 15 13.5% | 35 31.5% | 6 5.4 % | 111 100.0% |
| p.valor | não significativo p= 0,101 | | não significativo p= 0,625 | | | | |

Diferença significativa p<0,05

Não foi encontrada uma relação significativa (p> 0,05) para a expressão de EGFR em relação ao género dos doentes. Também não foi encontrada uma associação significativa (p> 0,05) entre a intensidade do EGFR e o género dos doentes.

Os nossos resultados estão de acordo com Lau (2007), Lam *et al.* (2011) e Tang *et al.* (2014), que demonstraram que não existe relação entre a expressão do EGFR e o género.

Mas isto é contrário ao que foi observado por Lee e Lee (2013) no seu estudo, onde descobriram que a expressão de EGFR estava significativamente associada ao género.

### 3.3.4: Expressão e intensidade do EGFR no carcinoma da tiroide de acordo com o tipo histológico

De acordo com o tipo histológico, os doentes com carcinoma da tiroide foram classificados em três categorias: carcinoma papilar, carcinoma folicular e outros tipos raros de carcinoma da tiroide. A análise imuno-histoquímica (IHC) da expressão de EGFR foi corada positivamente em 41 (43,6%) casos de carcinoma papilar em 94, 9 (90,0%) casos de carcinoma folicular em 10 e 6 (85,7%) casos de outros tipos de carcinoma da tiroide

carcinoma em 7 casos (Fig. 3.6).

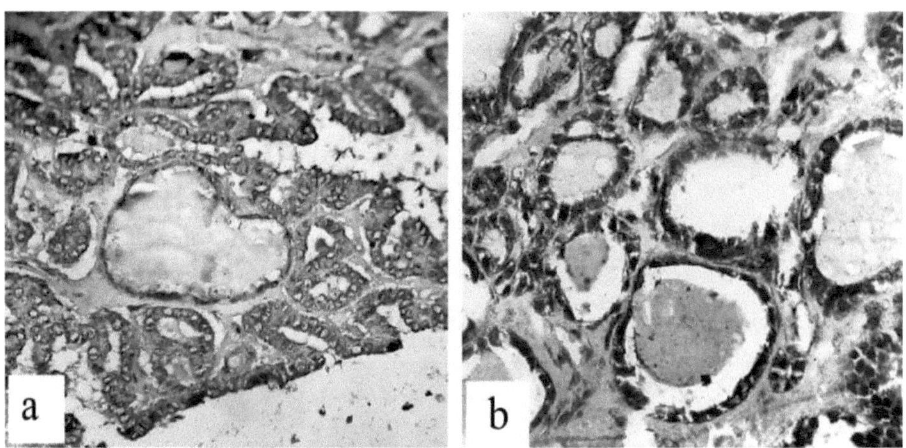

**Figura (3.6):** Lâminas representativas da coloração de EGFR: ABC por imunohistoquímica no carcinoma da tiroide mostraram coloração citoplasmática: (a) carcinoma papilar da tiroide (b) carcinoma folicular da tiroide (coloração com Hematoxilina e DAB, Ampliação: 40X).

Relativamente à intensidade da expressão do EGFR no carcinoma papilar da tiroide, verificou-se: 53 (56,4%) casos negativos (score 0), score +1; 14 (14,9 %) casos, score +2; 24 (25,5%) casos e 3 (3,2%) casos em score +3. No carcinoma folicular da tiroide, 1 (10,0%) caso em cada 10 tinha pontuação 0, 1 (10,0%) caso com pontuação +1, 5 (50,0%) casos com pontuação +2 e 3 (30,0%) casos com pontuação +3. Enquanto que nos outros tipos de carcinoma da tiroide 1 (14,3%) caso em 7 tinha pontuação 0, não havia casos com pontuação +1 e pontuação +3, e 6 (58,7%) casos com pontuação +2.

**Tabela (3.20): Expressão e intensidade do EGFR no cancro da tiroide de acordo com o tipo histológico**

| Tipo histológico | Expressão de EGFR | | Intensidade do EGFR | | | | Total N.º % |
|---|---|---|---|---|---|---|---|
| | -ve N.º % | +ve N.º % | 0 Não. % | +1 Não. % | +2 N.º % | +3 Não. % | |
| Carcinoma papilar da tiroide | 53 56.4% | 41 43.6% | 53 56.4% | 14 14.9% | 24 25.5% | 3 3.2% | 94 100.0% |
| Carcinoma folicular da tiroide | 1 10.0% | 9 90.0% | 1 10.0% | 1 10.0% | 5 50.0% | 3 30.0% | 10 100.0% |
| Outros tipos | 1 14.3% | 6 85.7% | 1 14.3 | 0 0.0% | 6 58.7% | 0 0.0% | 7 100.0% |
| Total | 55 49.5% | 56 50.5% | 55 49.55% | 15 13.53% | 35 31.53% | 6 5.4 % | 111 100.0% |
| p.valor | altamente significativo p= 0,002 | | não significativo p= 0,059 | | | | |

**Diferença significativa p<0,05**

No presente estudo, os resultados mostraram que a expressão positiva de EGFR foi altamente significativa (p=0,002) associada a diferentes tipos histológicos de tumor de carcinoma da tiroide.

Isto é contrário ao estudo de Tang *et al.* (2014), que mostrou que não havia relação entre a expressão de EGFR e o grupo etário.

Por outro lado, a análise estatística da relação entre a intensidade da expressão de EGFR e o tipo histológico do carcinoma foi quase significativa (p=0,059).

### 3.3.5: Expressão e intensidade do EGFR no carcinoma da tiroide de acordo com a classificação

Em nosso estudo, não foi computada estatística para o grau do tumor, pois o grau é uma constante, onde todos os espécimes eram grau 1.

### 3.3.6: Expressão e intensidade do EGFR no carcinoma da tiroide de acordo com o estadiamento

A expressão do EGFR foi positiva em 35 (47,3%) casos do estádio I, 10 (45,5%) casos do estádio II, 4 (66,7%) casos do estádio III e 7 (77,8%) casos do estádio IV.

A intensidade da expressão do EGFR foi estimada em relação ao estádio do tumor, no estádio I, 39 (52,7%) casos de 74 foram classificados como 0, 12 (16,2%) casos com classificação +1, 20 (27,0%) casos com classificação +2 e 3 (4,1%) casos com classificação +3, no estádio II, 12 (54,54%) casos de 22 foram classificados como 0, 3 (13,63%) casos com classificação +1, 5 (22,72%) casos com classificação +2 e 2 (9.1%) casos com pontuação +3, enquanto na fase III, 2 (33,33%) casos de 6 tinham pontuação 0, não havia casos com pontuação +1 e pontuação +3, e 4 (66,67%) casos com pontuação +2. Quanto à fase IV: 2 (22,22%) casos com pontuação 0, não havia nenhum caso com pontuação +1, 6 (66,67%) casos com pontuação +2 e 1 (11,11%) caso com pontuação +3 (Tabela 3.21).

**Tabela (3.21): Expressão e intensidade do EGFR no cancro da tiroide de acordo com o estadiamento**

| Estágio | Expressão de EGFR | | Intensidade do EGFR | | | | Total N.º |
|---|---|---|---|---|---|---|---|
| | -ve N.º % | +ve | 0 | +1 | +2 | +3 | % |

| | | Não. % | Não. % | Não. % | Não. % | Não. % | |
|---|---|---|---|---|---|---|---|
| Fase I | 39 52.7% | 35 47.3% | 39 52.7% | 12 16.2% | 20 27.0% | 3 4.1 % | 74 100.0% |
| Fase II | 12 54.5% | 10 45.5% | 12 54.54% | 3 13.63% | 5 22.72% | 2 9.1 % | 22 100.0% |
| Fase III | 2 33.3% | 4 66.7% | 2 33.33% | 0 0.0% | 4 66.67% | 0 0.0% | 6 100.0% |
| Fase IV | 2 22.2% | 7 77.8% | 2 22.22% | 0 0.0% | 6 66.67% | 1 11.11% | 9 100.0% |
| Total | 55 49.5% | 56 50.5% | 55 49.55% | 15 13.51% | 35 31.53% | 6 5.41 % | 111 100.0% |
| p.valor | não significativo p= 0,285 | não significativo p= 0,286 | | | | | |

A análise estatística mostrou que não houve associação significativa (p>0,05) para a expressão de EGFR em relação ao estádio do carcinoma da tiroide.

Este estudo é compatível com um estudo realizado por Lau (2007) que analisou que não houve diferença significativa para a expressão de EGFR em relação ao estágio do tumor. Mas isso é contrário aos achados de um estudo feito por Lam *et al.* (2011) e Tang *et al.* (2014), que observaram que havia diferenças significativas (p<0,05) em relação à intensidade da expressão de EGFR com o estágio do tumor.

### 3.3.7: Expressão e intensidade do EGFR no carcinoma da tiroide de acordo com a invasividade

Entre os doentes com carcinoma invasivo da tiroide, 11 (61,1%) casos foram considerados EGFR positivos, enquanto 45 (48,4%) casos de carcinoma não invasivo foram considerados EGFR positivos.

A estimativa da intensidade da expressão do EGFR nos tumores malignos da tiroide em relação à invasividade do tumor detectou que: nos tumores invasivos, 7 (38,9%) casos tiveram pontuação 0, não houve nenhum caso com pontuação +1, 9 (50.0%)

casos com pontuação +2, e 2 (11,1%) casos com pontuação +3. Enquanto nos tumores não invasivos 48 (51,6%) casos tinham pontuação 0, 15 (16,1%) casos tinham pontuação +1, 26 (28,0%) casos tinham pontuação +2, e 4 (4,3%) casos tinham pontuação +3 (Tabela 3.22).

**Tabela (3.22): Expressão e intensidade do EGFR no cancro da tiroide de acordo com a invasividade**

| Invasividade | Expressão de EGFR | | Intensidade do EGFR | | | | Total |
| | -ve Não. % | +ve Não. % | 0 Não. % | +1 Não. % | +2 Não. % | +3 Não. % | Não.% |
|---|---|---|---|---|---|---|---|
| Sim | 7 38.9% | 11 61.1% | 7 38.9% | 0 0.0% | 9 50.0% | 2 11.1% | 18 100.0% |
| Não | 48 51.6% | 45 48.4% | 48 51.6% | 15 16.1% | 26 28.0% | 4 4.3 % | 93 100.0% |
| Total | 55 49.5% | 56 50.5% | 55 40.55% | 15 13,51% | 35 31.53% | 6 5.41% | 111 100.0% |
| p.valor | **não significativo p=0,233** | sinal P= 0 | | | 'icante (.033 | | |

Não houve associação significativa (p>0,05) entre a expressão de EGFR em relação à invasividade do tumor. Isso é consistente com o estudo de Lau (2007), Lam *et al.* (2011) e Lee e Lee (2013), que constataram não haver relação entre a expressão de EGFR e a invasividade do tumor.

Por outro lado, verificou-se uma associação significativa (p=0,033) entre a invasividade do tumor em relação à intensidade do EGFR, o que pode dever-se ao facto de os doentes com cancro da glândula tiroide terem sido diagnosticados precocemente antes de metastizarem para outra parte do corpo.

### 3.3.8: Expressão e intensidade do EGFR no carcinoma da tiroide de acordo com o nódulo linfático

Neste estudo, os doentes com cancro da tiroide foram divididos de acordo com a invasão dos nódulos linfáticos da seguinte forma: 9,9% (n=11) casos foram confirmados como tendo invasão linfonodal e 90,1% (n=100) casos não tinham invasão linfonodal. Assim, a expressão do EGFR foi positiva em apenas 5 (45,5%) casos com invasão linfonodal e 51 (51,0%) casos sem invasão linfonodal.

A intensidade da expressão do EGFR foi observada em relação à invasão linfonodal, na invasão linfonodal: 6 (54,55%) casos tiveram escore 0, 2 (18,18%) casos com escore +1, 3 (27.27%) casos com escore +2, e não houve nenhum caso com escore +3. Já os casos de não invasão linfonodal foram 49 (49,0%) casos com escore 0, 13 (13,0%) casos com escore +1, 32 (32,0%) casos com escore +2, e 6 (6,0%) casos com escore +3 (Tabela 3.23).

**Tabela (3.23): Expressão e intensidade do EGFR no cancro da tiroide de acordo com a invasão dos gânglios linfáticos**

| Invasão de gânglios linfáticos | Expressão de EGFR | | Intensidade do EGFR | | | | Total N.º % |
|---|---|---|---|---|---|---|---|
| | -ve N.º % Não. % | +ve Não. % | 0 N.º % | +1 Não. % | +2 Não. % | +3 Não. % | |
| Sim | 6 54.5% | 5 45.5% | 6 54.55% | 2 18.18% | 3 27.27% | 0 0.0% | 11 100.0% |
| Não | 49 49.0% | 51 51.0% | 49 49.0% | 13 13.0% | 32 32.0 % | 6 6.0% | 100 100.0% |
| Total | 55 49.5% | 56 50.5% | 55 49.55% | 15 13.51% | 35 31.53% | 6 5.41% | 111 100.0% |
| p.valor | não significativo p= 0,487 | | não significativo p= 0,793 | | | | |

**Diferença significativa p<0,05**

Não houve diferença significativa (p>0,05) entre a expressão de EGFR e a invasão linfonodal. E esse resultado foi concordante com os resultados de Lau (2007) e Lam *et al.* (2011), que descobriram que a expressão de EGFR não tem associação significativa (p>0,05) com a invasão linfonodal. No entanto, esse resultado é contrário ao estudo conduzido por Lee e Lee (2013) e Tang *et al.* (2014), que verificaram que havia uma relação altamente significativa (p < 0,05) entre a expressão de EGFR e a invasão linfonodal.

Além disso, nossos resultados relataram que não houve associação significativa (p>0,05) entre a intensidade do EGFR em relação à invasão linfonodal.

### 3.3.9: Expressão e intensidade do EGFR no carcinoma da tiroide de acordo com o tamanho do tumor

Os doentes com carcinoma foram divididos de acordo com o tamanho do tumor em duas categorias; a primeira categoria incluía doentes com tamanho igual ou inferior a 5 cm, que eram 71,2% (n=79) casos, e a segunda categoria era constituída por 28,8% (n=32) doentes com tamanho superior a 5 cm. A expressão de EGFR foi positiva em 42 (53,2%) dos doentes com tamanho de tumor igual ou inferior a 5 cm e em 14 (43,8%) dos doentes com tamanho de tumor superior a 5 cm.

A avaliação da intensidade da expressão do EGFR na neoplasia maligna da tiroide em relação ao tamanho do tumor revelou que; no tamanho do tumor igual ou inferior a 5 cm: 37 (46,84%) casos com escore 0, 15 (18,99%) caso com escore +1, 21 (26,57%) casos com escore +2, e 6 (7,6%) casos com escore +3, enquanto o tamanho do tumor maior que 5 cm: 18 (56,25%) casos com escore 0, nenhum caso com escore +1 e escore +3, e 14 (43,75%) casos com escore +2 (Tabela 3.24).

**Tabela (3.24): Expressão e intensidade do EGFR no cancro da tiroide de acordo com o tamanho do tumor**

| Tamanho do tumor | Expressão de EGFR | | Intensidade do EGFR | | | | Total N.º % |
|---|---|---|---|---|---|---|---|
| | -ve Não. % | +ve N.º % | 0 Não. % | +1 Não. % | +2 N.º % | +3 Não. % | |
| ≤ 5 cm | 37 46.8% | 42 53.2% | 37 46.84% | 15 18.99 % | 21 26.57 % | 6 7.6 % | 79 100.0% |

| | 18 | 14 | 18 | 0 0.0% | 14 | 0 0.0% | 32 |
|---|---|---|---|---|---|---|---|
| **> 5 cm** | 56.3% | 43.8% | 56.25% | | 43.75 % | | 100.0% |
| **Total** | 55 | 56 | 55 | 15 | 35 | 6 | 111 |
| | 49.5% | 50.5% | 49.55% | 13.51 % | 31.53 % | 5.41 % | 100.0% |
| **p.valor** | não significativo p= 0,246 | altamente significativo p= 0,003 | | | | | |

**Diferença significativa p<0,05**

Em nosso estudo, não houve associação significativa (p>0,05) entre a expressão de EGFR e o tamanho do tumor.

Num estudo realizado por Lau (2007), Lam *et al.* (2011) e Tang *et al.* (2014), verificou-se que a expressão de EGFR não tinha uma associação significativa (p>0,05) com o tamanho do tumor.

Por outro lado, verificou-se uma relação altamente significativa (p=0,003) entre o tamanho do tumor em relação à intensidade do EGFR, o que pode dever-se ao diagnóstico precoce do tumor na glândula tiroide, uma vez que esta se situa num local sensível na parte da frente do pescoço, sendo possível detetar qualquer tumor anormal antes de este crescer e ultrapassar os 5 cm.

## 3.4: Correlação entre a expressão de TGFα e EGFR em doentes com cancro da tiroide

A análise estatística deste estudo entre a expressão de TGFα e EGFR no carcinoma da tiroide utilizando o coeficiente de correlação (Correlação de Pearson e RHO de Spearman). Os resultados mostraram uma correlação significativa (p= 0,029) entre estes marcadores de acordo com a Correlação de Pearson, mas não houve correlação significativa (p>0,05) entre eles de acordo com o RHO de Spearman (Tabela 3.25).

**Tabela (3.25): Correlação entre a expressão de TGFα e EGFR em doentes com cancro da tiroide**

| **Variáveis** | **Correlação de Pearson** | | **Fator de Spearman (RHO)** | |
|---|---|---|---|---|
| | **R** | **p** | **R** | **p** |

| TGF α | 0.164 | 0.029* | 0.023 | 0.801 |
|-------|-------|--------|-------|-------|
| **EGFR** | | | | |

***Diferença significativa p<0,05**

O TGFα é um dos seis ligandos que activam o EGFR (Bogdan e Klambt, 2001). Esta ativação conduz a várias respostas biológicas, tais como: diferenciação, proliferação e migração (Holbro *et al.*, 2003). O EGFR está associado a um mau prognóstico nas neoplasias malignas da tiroide, existindo também em estádios clínicos avançados de neoplasia (Umekita *et al.*, 2000).

Lau (2007) observou no seu estudo que a expressão dos genes EGFR e TGFα estava aumentada no cancro da tiroide, pelo que sugeriu que existia uma correlação positiva entre a expressão do gene EGFR e do gene TGFα na neoplasia maligna da tiroide. Para além disso, estes resultados sugerem que o EGFR e o TGFα estão co-expressos (Umekita *et al.*, 2000; Tampellini *et al.*, 2007).

### 3.4.1: Correlação entre a expressão de TGFα e a sobreposição de efeitos de variáveis clinicopatológicas em doentes com cancro da tiroide

A análise estatística da correlação entre a expressão do gene TGFα e os efeitos sobrepostos de: grupos etários, sexo, tipo histológico, estádio, invasividade, invasão de gânglios linfáticos e tamanho do tumor de doentes com cancro da tiroide, utilizando o coeficiente de correlação (Pearson e RHO de Spearman) (Tabela 3.26).

**1- Utilizando o coeficiente de correlação de Pearson :**

Os resultados mostraram um coeficiente de correlação significativo (R= 0,203) (p= 0,033) para o TGFα com o género, mas não houve correlação significativa (R= 0,135) (p= 0.157) entre o TGFα e a faixa etária, o tipo histológico (R= 0,009) (p= 0,923), o estádio (R= 0,001) (p= 0,991), a invasividade (R= 0,093) (p= 0,331), a invasão linfonodal (R= 0,089) (p= 0,350) e o tamanho do tumor (R= 0,169) (p= 0,077).

**2- Utilização do coeficiente de correlação de Spearman (RHO) :**

Isso mostrou uma correlação significativa (R= 0,203) (p= 0,033) do coeficiente de

TGFα com o género, e marginalmente (R= 0,186) (p= 0,051) com o tamanho do tumor, mas não houve correlação significativa (R= 0,091) (p= 0.345) entre o TGFα e a faixa etária, o tipo histológico (R= 0,016) (p= 0,864), o estádio (R= 0,005) (p= 0,958), a invasividade (R= 0,088) (p= 0,357) e a invasão linfonodal (R= 0,021) (p= 0,824).

**Tabela (3.26): Correlação entre a expressão de TGFα e a sobreposição de efeitos de variáveis clinicopatológicas em doentes com cancro da tiroide**

| Variáveis | Fator de Pearson | | Fator Spearman RHO | |
|---|---|---|---|---|
| | R | p | R | p |
| Faixa etária (anos) | 0.135 | 0.157 | 0.091 | 0.345 |
| Género | 0.203 | 0.033* | 0.203 | 0.033* |
| Tipos histológicos | 0.009 | 0.923 | 0.016 | 0.864 |
| Estágio | 0.001 | 0.991 | 0.005 | 0.958 |
| Invasividade | 0.093 | 0.331 | 0.088 | 0.357 |
| Invasão de gânglios linfáticos | 0.089 | 0.350 | 0.021 | 0.824 |
| Tamanho do tumor | 0.169 | 0.077 | 0.186 | 0.051 |

*Diferença significativa p<0,05

O presente estudo demonstrou que existia uma correlação significativa entre a expressão de TGFα e os efeitos de sobreposição do género em doentes com cancro da tiroide, mas não existia correlação entre a expressão de TGFα e outras variáveis clinicopatológicas (grupos etários, tipo histológico, estádio, invasividade, invasão de nódulos linfáticos e tamanho do tumor).

O trabalho de Lau (2007) referiu que a relação da expressão de TGFα era com a invasão dos gânglios linfáticos (p<0,05), enquanto a expressão de TGFα não se correlacionava com os grupos etários, género, estádio, invasividade e tamanho do tumor.

Por outro lado, o trabalho de lam *et al.* (2011) explicou que a expressão de TGFα se relacionou marginalmente com o tamanho do tumor (p=0,05), mas a expressão de TGFα não se correlacionou com grupos etários, género, estádio, invasividade e invasão linfonodal.

### 3.4.2: Correlação entre a expressão de EGFR e a sobreposição de efeitos de variáveis clinicopatológicas em doentes com cancro da tiroide

A análise estatística da correlação entre a expressão do gene EGFR e os efeitos sobrepostos de: grupos etários, sexo, tipo histológico, estádio, invasividade, invasão de gânglios linfáticos e tamanho do tumor de doentes com cancro da tiroide utilizando o coeficiente de correlação (Pearson e RHO de Spearman) (Tabela 3.27).

**1- Utilizando o coeficiente de correlação de Pearson :**

Os resultados mostraram um coeficiente de correlação altamente significativo (R= 0,286) (p= 0,002) no EGFR com o tipo histológico, mas não houve correlação significativa (R= 0,004) (p= 0.916) entre o EGFR e o grupo etário, o género (R= 0,142) (p= 0,137), o estádio (R= 0,074) (p= 0,438), a invasividade (R= 0,164) (p= 0,085), a invasão linfonodal (R= 0,162) (p= 0,090) e o tamanho do tumor (R= 0,023) (p= 0,811).

**2- Utilização do coeficiente de correlação de Spearman (RHO) :**

Os nossos resultados mostraram um coeficiente de correlação altamente significativo (R= 0,286) (p= 0,002) para o EGFR com o tipo histológico, mas não houve correlação significativa (R= 0,025) (p= 0.794) entre o EGFR e a faixa etária, o género (R= 0,142) (p= 0,137), o estádio (R= 0,089) (p= 0,354), a invasividade (R= 0,164) (p= 0,086), a invasão linfonodal (R= 0,008) (p= 0,930) e o tamanho do tumor (R= 0,008) (p= 0,930).

**Tabela (3.27): Correlação entre a expressão de EGFR e a sobreposição de efeitos de variáveis clinicopatológicas em doentes com cancro da tiroide**

| Variáveis | Fator de Pearson | Fator Spearman RHO |
|---|---|---|

| | R | p | R | p |
|---|---|---|---|---|
| Faixa etária (anos) | 0.004 | 0.916 | 0.025 | 0.794 |
| Género | 0.142 | 0.137 | 0.142 | 0.137 |
| Tipos histológicos | 0.286 | **0.002**** | 0.321 | **0.001**** |
| Estágio | 0.074 | 0.438 | 0.089 | 0.354 |
| Invasividade | 0.164 | 0.085 | 0.164 | 0.086 |
| Invasão de gânglios linfáticos | 0.162 | 0.090 | 0.008 | 0..930 |
| Tamanho do tumor | 0.023 | 0.811 | 0.008 | 0.930 |

** Diferença altamente significativa $\leq$ 0,01

O nosso estudo demonstrou que existia uma correlação significativa entre a expressão do EGFR e os efeitos de sobreposição do tipo histológico em doentes com cancro da tiroide, mas não existia correlação entre a expressão do EGFR e outras variáveis clinicopatológicas (grupos etários, sexo, estádio, invasividade, invasão linfonodal e tamanho do tumor).

Lau (2007) referiu que a expressão do EGFR não se correlacionava com nenhuma das variáveis clinicopatológicas.

Por outro lado, o estudo de lam *et al.* (2011) mostrou que a expressão de TGFα estava correlacionada com o estádio (p=0,02), mas a expressão de TGFα não se correlacionou com os grupos etários, género, invasividade, invasão linfonodal e tamanho do tumor.

Tang *et al.* (2014) mostraram que não havia correlação entre a expressão de EGFR e o tipo histológico, a faixa etária e o género, mas a expressão de EGFR estava correlacionada com o estádio e marginalmente com o tamanho do tumor.

### 3.4.3: Sobreposição entre a expressão de TGFα e EGFR de acordo com variáveis clinicopatológicas de doentes com cancro da tiroide

No presente estudo, investigámos o efeito das variáveis clinicopatológicas em conjunto na expressão de TGFα e EGFR em doentes com cancro da tiroide, utilizando o coeficiente de correlação (Pearson e RHO de Spearman), como se mostra na tabela (3.28).

## 1- Utilização do coeficiente de correlação de Pearson

Os nossos resultados demonstraram que existia uma correlação significativa entre o efeito da invasividade e da invasão dos gânglios linfáticos em conjunto na expressão dos genes TGFα e EGFR (p = 0,023, p = 0,042), respetivamente.

## 2- Utilizando o coeficiente de correlação de Spearman (RHO)

Os resultados actuais mostraram que existe uma correlação significativa entre os efeitos do estádio e da invasividade em conjunto na expressão dos genes TGFα e EGFR (p = 0,044, p = 0,022), respetivamente.

**Tabela (3.28): Sobreposição entre a expressão de TGFα e EGFR de acordo com as variáveis clinicopatológicas dos doentes com cancro da tiroide**

| Variáveis | Fator de Pearson | | Fator RHO | |
|---|---|---|---|---|
| | R | p | R | p |
| Faixa etária (anos) | 0.06 | 0.949 | 0.05 | 0.560 |
| Género | 0.06 | 0.949 | 0.03 | 0.758 |
| Tipos histológicos | 0.066 | 0.494 | 0.083 | 0.386 |
| Estágio | 0.168 | 0.077 | 0.192 | **0.044*** |
| Invasividade | 0.215 | **0.023*** | 0.218 | **0.022*** |
| Invasão de gânglios linfáticos | 0.194 | **0.042*** | 0.141 | 0.141 |
| Tamanho do tumor | 0.072 | 0.453 | 0.033 | 0.730 |

***Diferença significativa p<0,05**

# Conclusões

Concluímos o seguinte:

**1.** O cancro da tiroide afecta muito mais as mulheres do que os homens, cerca de 3:1 vezes.

**2.** O cancro da tiroide ocorre na maioria dos doentes com idades compreendidas entre os 21 e os 30 anos.

**3.** O carcinoma papilar da tiroide (CPT) foi o tipo mais comum de tumores malignos.

**4.** A expressão de TGFα mostrou um aumento significativo no tumor maligno da tiroide em comparação com as doenças benignas da tiroide e o grupo de controlo.

**5.** Verificou-se uma correlação significativa entre a expressão de TGFα e o sexo do tumor maligno da tiroide.

**6.** Verificou-se uma correlação significativa entre a expressão de EGFR e o tipo histológico do tumor maligno da tiroide.

**7.** Verificou-se uma correlação entre a expressão do EGFR e do TGFα com algumas variáveis clinicopatológicas (estádio, invasividade e metástases nos gânglios linfáticos).

**8.** A carcinogénese, o desenvolvimento, a progressão e as metástases da tiroide não dependem da expressão do EGFR.

## Recomendações:

A partir dos resultados deste estudo, recomendamos o seguinte:

**1.** Investigar os factores de risco associados ao cancro da tiroide.

**2.** Estudos adicionais de confirmação do papel do TGFα e do EGFR na carcinogénese da tiroide através de outras técnicas, como a PCR e a FISH.

**3.** Determinação do papel das proteínas TGFα e EGFR como proteínas terapêuticas nos cancros da tiroide.

**4.** Estudar a amplificação dos genes TGFα e EGFR e determinar as possíveis mutações nesses genes nos carcinomas da tiroide.

# Referências


**Abdul Jabbar, M. Q.; Mutlak, N. Sh.; Abdul Hussein, W. A. e Sulaiman, Th.**

**1. (2016).** Carcinoma incidental da tiroide, Jornal da Faculdade de Medicina, Bagdá, 58 (3): 245-249.

**Acton, Q. A. (2013).** Receptores de hormonas gastrointestinais: avanços na investigação e aplicação, Scholarly Media, Atlanta, Geórgia.

**Ain, K. B. e Rosenthal, M. S. (2011).** O livro completo da tiroide, 2$^{nd}$ ed, McGraw-Hill, Nova Iorque.

**Al-Amri, A. M. (2012).** Padrão de câncer de tireoide na província oriental da Arábia Saudita: Experiência do Hospital Universitário, Journal of Cancer Therapy, 3 (3): 187191.

**Al-Hakiem, B. A.; Falih, I. e Ahmed, M. (2003).** Malignant thyroid disease: a report from one major hospital in basrah, Basrah Journal of Surgery, 159-163.

**Ali, S. Z. e Cibas, E. S. (2010).** The Bethesda system for reporting thyroid cytopathology: definitions, criteria, and explanatory notes, Springer, New York.

**Al-Katib, A. A.; Al-Fallouji, S. K. e Jassim, A. H. (2009).** Malignidade da tiroide (incidência e tratamento): Um estudo de três anos em Al-Hilla Surgical Hospitals Retrospective Study, Medical Journal of Babylon, 6 (1): 186-200.

**Amdur, R. J. e Mazzaferri, E. L. (2005).** Essentials of thyroid cancer management, Springer, Nova Iorque.

**Sociedade Americana do Cancro (2010).** Testing Biopsy and Cytology Specimens for Cancer, GA: American Cancer Society, Atlanta.

**American Joint Committee on Cancer (2004).** AJCC cancer staging forms for Microsoft Word from the AJCC cancer staging manual, 6$^{th}$ ed, Springer, New York.

**Comité Misto Americano do Cancro (2014).** Formulários de estadiamento do cancro AJCC para Microsoft Word do manual de estadiamento do cancro AJCC, 8$^{th}$ ed, Springer, Nova Iorque.

**American Joint Committee on Cancer e Edge, S. B. (2010).** AJCC Cancer Staging Manual. Nova Iorque, NY, Springer.

**Are, C. e Shaha, A. R. (2006).** Anaplastic Thyroid Carcinoma: Biology, Pathogenesis, Prognostic Factors, and Treatment Approaches, Journal of Annals of Surgical Oncology, 13 (4): 453-464.

**A rj o n a , F . j . ; Va rga s - C h a coff, L . ; Ma rt in , D . R. M. ; F lik, G. ; Ma n c e ra , J. M. e Klaren, P. h. (2011).** Efeitos do cortisol e da hormona tiroideia na desiodação periférica do anel externo e nos parâmetros osmorregulatórios do linguado senegalês (Solea senegalensis), The Journal of Endocrinology, 208 (3): 323-330.

**Arora, A.; Tolley, N. e Tuttle, R. M. (2010).** A practical manual of thyroid and parathyroid disease, Chichester, UK, Wiley-Blackwell.

**Awad, S. A. S.; Ashraf, E. M.; Khaled, A. S.; Salih, B. S.; Yousef, S.; Abeer, A. S. e Anna, A. (2016).** A epidemiologia das doenças da tiroide no mundo árabe: Uma revisão sistemática, Journal of Public Health and Epidemiology, 8 (2): 17-26.

**Bahn, R. S. (2010).** Oftalmopatia de Graves, New England Journal of Medicine. 362 (8): 726-738+774.

**Bajaj, J. k.; Salwan, P. e Salwan, S. (2016).** Vários possíveis tóxicos envolvidos na disfunção tireoidiana: Uma revisão, Jornal de Pesquisa Clínica e Diagnóstica: JCDR, 10 (1): 1-3.

**Balducci, L. e Extermann, M. (2005).** Biological basis of geriatric oncology, Springer, New York.

**Baloch Z. W.; Solomon A. C. e Livolsi V. A. (2000).** Carcinoma mucoepidermóide primário e carcinoma mucoepidermóide esclerosante com eosinofilia da glândula tiroide: relato de nove casos, Modern Pathology: an Official Journal of the United States and Canadian Academy of Pathology, Inc., 13 (7): 802-807.

**Baloch, Z. W. e Livolsi, V. A. (2002).** Lesões foliculares padronizadas da tiroide, American Journal of Clinical Pathology, 117 (1): 143-150.

**Barrett, K. E. e Ganong, W. F. (2010).** Ganong's review of medical physiology, 23$^{rd}$ ed, McGraw-Hill Medical, New York.

**Berbel, P.; Navarro, D.; Ausò, E.; Varea, E.; Rodriguez, A. E.; Ballesta, J. J.; Salinas, M.; Flores, E.; Faura, C. C. e De-Escobar, G. M. (2010).** Papel das hormonas tiroideias maternas tardias no desenvolvimento do córtex cerebral: um modelo experimental para a prematuridade humana, Journal of Cerebral Cortex, 20 (6): 1462-1475.

**Bogdan, S. e Klambt, C. (2001).** Epidermal growth fator recetor signaling, Journal of Current biology, 11 (8): 292-295.

**Bolander, F. F. (2004).** Molecular endocrinology, 3$^{rd}$ ed, Elsevier Academic Press, Amsterdam.

**Brams, E. O. (2005).** Thyroid disease: a case-based and practical guide for primary care, N.J., Humana Press, Totowa.

**Braun, C. A. e Anderson, C. M. (2007).** Pathophysiology: functional alterations in human health (Fisiopatologia: alterações funcionais na saúde humana), Lippincott Williams & Wilkins, Philadelphia.

**Braunstein, G. D. (2012).** Thyroid cancer, Springer, Georgetown, New York.

**Braverman, L. E. (2003).** Diseases of the thyroid, 2$^{nd}$ ed, N.J., Humana Press, Totowa.

**Brent, G. A. (2010).** Thyroid function testing, Springer, Nova Iorque.

**Buchwalow, I. B. e Bo cke r, W. (2010).** Immunohistochemistry: Basics and Methods, Berlim, Heidelberg, Springer-Verlag Berlin Heidelberg.

**Cabot, S. e Jasinska, M. (2006).** Your thyroid problems solved: holistic solutions to improve your thyroid, NSW, WHAS Pty Ltd, Camden

**Cannon, J. (2011).** O significado das células de Hürthle na doença da tiroide, Journal of The Oncologist, 16 (10): 1380-1387.

**Casciato, D. A. e Territo, M. C. (2009).** Manual of clinical oncology, 6$^{th}$ ed,

Wolters Kluwer HealthZLippincott Williams & Wilkins, Philadelphia.

**Cavalli, F. (2009).** Textbook of medical oncology, 4.ª ed., Informa Healthcare, Londres.

**Chan, J. (2002).** Devem ser aplicados critérios rigorosos no diagnóstico da variante folicular encapsulada do carcinoma papilar da tiroide, American Journal of Clinical Pathology, 117 (1): 8-16.

**Chiamolera, M. I. e Wondisford, F. E. (2009).** Minirevisão: Thyrotropinreleasing hormone and the thyroid hormone feedback mechanism, Journal of Endocrinology, 150 (3): 1091-1096.

**Ciana, P.; Ghisletti, S.; Mussi, P.; Eberini, I.; Vegeto, E. e Maggi, A. (2003).** Recetor de estrogênio alfa, um interrutor molecular que converte a proliferação mediada pelo fator de crescimento transformador alfa em diferenciação em células de neuroblastoma, The Journal of Biological Chemistry, 278 (34): 31737-31744.

**Clark, D. P. e Faquin, W. C. (2005).** Thyroid cytopathology, Springer, New York, NY.

**Clark, D. P. e Faquin, W. C. (2010).** Thyroid Cytopathology, 2$^{nd}$ ed, Springer, Dordrecht.

**Collin, P. H. (2005).** Dicionário de termos médicos, 4$^{th}$ ed, A & C Black, Londres.

**Cooper, D. S. (2001).** Medical management of thyroid disease, Nova Iorque M. Dekker, Berlim.

**Cooper, D. S. (2008).** Medical management of thyroid disease, 2$^{nd}$ ed, Informa Healthcare, New York.

**Cooper, D. S.; Doherty, G. M.; Haugen, B. R.; Kloos, R. T.; Lee, S. L.; Mandel, S. J.; Mazzaferri, E. L.; McIver, B.; Pacini, F.; Schlumberger, M.; Sherman, S. I.; Steward, D. L. e Tuttle, R. M. (2009).** Revised American Thyroid Association management guidelines for patients with thyroid nodules and differentiated thyroid cancer, Thyroid official journal of the American thyroid association, 19 (11): 1167-

1214.

**Croyle, M.; Akeno, N.; Knauf, J. A.; Fabbro, D.; Chen, X.; Baumgartner, J. E.; Lane, H. A. e Fagin, J. A. (2008).** O crescimento celular induzido por RET/PTC é mediado em parte pela ativação do recetor do fator de crescimento epidérmico (EGFR): provas de interacções moleculares e funcionais entre RET e EGFR, Journal of Cancer Research, 68 (11): 4183-4191.

**Dabbs, D. J. (2013).** Diagnostic Immunohistochemistry. Londres, Elsevier Health Sciences.

**Daveau, M.; Scotte, M.; Francois, A.; Coulouarn, C.; Ros, G.; Tallet, Y.; Hiron, M.; Hellot, M. F. e Salier, J. P. (2003).** Hepatocyte Growth Fator, Transforming Growth Fator alpha, and Their Receptors as Combined Markers of Prognosis in Hepatocellular Carcinoma, Journal of Molecular Carcinogenesis. 36 (3): 130-141.

**Deruiter, J. (2002).** Tutorial da hormona tiroideia, módulo endócrino, Journal of Spring, 5260: 1-30.

**Devita, V. T.; Hellman, S. e Rosenberg, S. A. (2001).** Cancer: principles & practice of oncology, 6th ed, Lippincott Williams & Wilkins, Philadelphia.

**Dietrich, J. W. (2002).** D e r Hyp o p hy s e n- S c hil d drüs e n-Regelkreis: Entwicklung und klinische Anwendung eines nichtlinearen Modells, Logos-Verl, Berlim.

**Dorland, W. A. N. (2007).** Dorland's illustrated medical dictionary, 31st ed, Saunders, Philadelphia, PA.

**Dorland, W. A. N. (2012).** Dicionário médico ilustrado de Dorland, 32nd ed, Saunders/Elsevier, Philadelphia, PA.

**Draznin, B. (2005).** Thyroid Neoplasms: Advances in Molecular and Cellular Endocrinology, volume 4, Elsevier Science & Technology.

**Dudek, R. W. (2000).** High-yield histology, 2nd ed, Lippincott Williams & Wilkins, Philadelphia.

**Ebadifar, A.; Hamedi, R.; Khorramkhorshid, H. R.; Kamali, K. e Moghadam, F. A. (2016).** Tabagismo parental, variante do gene do fator de crescimento transformador alfa e o risco de fenda orofacial em bebês iranianos, Iranian Journal of Basic Medical Sciences, 19 (4): 366-73.

**Fan, C. Y.; Melhem, M. F.; Hosal, A. S.; Grandis, J. R. e Barnes, E. L. (2001).** Expression of androgen recetor, epidermal growth fator recetor, and transforming growth fator alpha in salivary duct carcinoma, Journal of Otolaryngology Head & Neck Surgery, 127 (9): 1075-1079.

**Farid, N. R. (2004).** Molecular basis of thyroid cancer, v. 122, Kluwer Academic Publishers, Boston.

**Fawcett, D. W.; Jensh, R. P.; Bloom, W. e Fawcett, D. W. (2002).** Bloom & Fawcett's concise histology 2$^{nd}$ ed, Arnold, London.

**Fitzgerald, P. A.; Papadakis, M. A. e McPhee, S. J. (2013).** Diagnóstico e tratamento médico atual 2013, 52$^{nd}$ ed, US: McGraw-Hill Companies; 11261134.

**Ganong, W. F. (2005).** Review of medical physiology, 22$^{nd}$ ed, McGraw-Hill Medical, New York.

**Garber, J. R. e White, S. S. (2005).** The Harvard Medical School guide to overcoming thyroid problems, McGraw-Hill, Nova Iorque.

**Gartner, L. P.; Hiatt, J. L. e Gartner, L. P. (2011).** Concise histology, Saunders/Elsevier, Philadelphia, PA.

**Gartner, L. P.; Hiatt, J. L. e Strum, J. M. (2003).** Cell biology and histology, 4$^{th}$ ed, Lippincott Williams & Wilkins, Philadelphia.

**Gartner, L. P.; Hiatt, J. L. e Gartner, L. P. (2013).** Atlas colorido e texto de histologia, 6$^{th}$ ed, Wolters Kluwer Health / Lippincott Williams & Wilkins, Filadélfia.

**Gimm, O.; Castellone, M. D.; Hoang-Vu, C. e Kebebew, E. (2011).** Biomarcadores na investigação de tumores da tiroide: novas ferramentas de diagnóstico e potenciais alvos de terapia de base molecular, Journal of Thyroid

Research, 2011: 631593.

**Glover, A. R.; Lee, J. C. e Sidhu, S. B. (2014).** Existe um teste de biomarcador preciso para a recorrência do cancro da tiroide no horizonte, International Journal of Endocrine Oncology, 1 (1): 3-5.

**Gong, L.; Chen, P.; Liu, X.; Han, Y.; Zhou, Y.; Zhang, W.; Li, H.; Li, C. e Xie, J. (2012).** Expressões de D2-40, CK19, galectina-3, VEGF e EGFR no carcinoma papilar da tiroide, Journal of Gland Surg, 1 (1): 25-32.

**Goodenough, J. e Mcguire, B. (2012).** Biology of humans: concepts, applications, and issues, 4th ed, Pearson Benjamin Cummings, San Francisco.

**Goodman, H. M. (2003).** Basic medical endocrinology, 3rd ed, Calif, Academic Press, San Diego.

**Gordon, H. V. (2012).** Complexidades no Diagnóstico e Tratamento do Cancro da Tiroide: Discussões, Observações, Investigação e Políticas Públicas, Teses Sénior CMC, 426.

**Greene, F. L. e Page, D. L. (2002).** AJCC cancer staging handbook TNM classification of malignant tumors, 6th ed, Nova Iorque, Springer.

**Gurleyik, E.; Gurleyik, G.; Dogan, S.; Cobek, U.; Cetin, F. e Onsal, U. (2015).** Lobo piramidal da glândula tireoide, anatomia cirúrgica em pacientes submetidos à tireoidectomia total, Anatomy Research International, 2015: 384148.

**Guyton, A. C. e Hall, J. E. (2006).** Textbook of medical physiology, 11th ed, Elsevier Saunders, Penns, Philadelphia.

**Guyton, A. C. e Hall, J. E. (2016).** Textbook of medical physiology, 13th ed, Elsevier, Philadelphia, PA.

**Hall, J. E. e Guyton, A. C. (2011).** Guyton and Hall textbook of medical physiology, 12th ed, Saunders Elsevier, Philadelphia, PA.

**Hall, J. E. e Nieman, L. K. (2003).** Handbook of diagnostic endocrinology, N.J., Humana Press, Totowa.

**Hallbeck, A. L. (2007).** Estudos do fator de crescimento transformador alfa no crescimento normal e anormal, teses, Universidade de Linkoping.

**Heilo, A.; Sigstad, E. e Groeholt, K. (2011).** Atlas das lesões da tiroide, Springer, Nova Iorque.

**Heindryckx, F.; Colle, I. e Van-Vlierberghe, H. (2009).** Modelos experimentais de ratinhos para a investigação do carcinoma hepatocelular, International Journal of Experimental Pathology, 90 (4): 367-386.

**Herbst, R. S. (2004).** Revisão da biologia do recetor do fator de crescimento epidérmico, International Journal of Radiation Oncology, Biology, Physics: Suplemento, 59 (2): 21-26.

**Heymann, W. R. (2008).** Thyroid disorders with cutaneous manifestations, Springer, Londres.

**Holbro, T.; Civenni, G. e Hynes, N. E. (2003).** Os receptores ErbB e o seu papel na progressão do cancro, Journal of Experimental Cell Research. 284 (1): 99-110.

**Hussain, F.; Iqbal, S.; Mehmood, A.; Bazarbashi, S.; El-Hassan, T. e Chaudhri, N. (2013).** Incidência de cancro da tiroide no Reino da Arábia Saudita, 2000-2010, Journal of Hematology/Oncology and Stem Cell Therapy, 6 (2): 58-64.

**Iervasi, G. e Pingitore, A. (2009).** Thyroid and heart failure: from pathophysiology to clinics, Springer, Milan.

**Registo de Cancro do Iraque (2010).** Ministério da Saúde, Centro Iraquiano de Registo do Cancro.

**Registo de Cancro do Iraque (2011).** Ministério da Saúde, Centro Iraquiano de Registo do Cancro.

**Isham, C. R.; Bossou, A. R.; Negron, V.; Fisher, K. E.; Kumar, R.; Marlow, L.; Lingle, W. L.; Smallridge, R. C.; Sherman, E. J.; Suman, V. J.; Copland, J. A. e Bible, K. C. (2013).** Pazopanib aumenta a catástrofe mitótica induzida por paclitaxel no cancro anaplásico da tiroide, J. Sci Transl Med, 5 (166): 166ra3.

Jameson, J. L.; DeGroot, L. J.; De Kretser, D. M.; Giudice, L.; Grossman, A.; Melmed, S.; Potts, J. T. e Weir, G. C. (2016). Endocrinology: adult & pediatric, 7th ed, Elsevier/Saunders Philadelphia, PA.

Jemal, A.; Siegel, R.; Xu, J. e Ward, E. (2010). Cancer statistics, CA: a Cancer Journal for Clinicians, 60 (5): 277-300.

Johnson, L. R. (2006). Physiology of the gastrointestinal tract, 4$^{th}$ ed, Elsevier Academic Press, Amsterdam.

Johnson, M. D. (2012). Biologia humana: conceitos e questões actuais, 6$^{th}$ ed, Benjamin Cummings, Boston.

Jorissen, R. N.; Walker, F.; Pouliot, N.; Garrett, T. P.; Ward, C. W. e Burgess, A. W. (2003). Epidermal growth fator recetor: mechanisms of activation and signaling, Journal of Experimental Cell Research, 284 (1): 31-53.

Kadhim, M. A.; Ahmed, B. S. e Mahdi, Q. A. (2010). A frequência do carcinoma da tiroide em doentes com nódulos solitários e múltiplos que utilizam citologia aspirativa por agulha fina guiada por ultra-sons (FNAC): A prospective study (Thyroid carcinoma and U/S guided FNA), J. Fac Med Baghdad, 52 (2): 134-138.

Karnath, B. M.; Karnath, B. M. e Hussain, N. (2006). Revisão dos Sinais Clínicos: Sinais e sintomas de disfunção da tiroide, Journal of HOSPITAL PHYSICIAN, 42 (10): 43-50.

Kendall, R. J. e Smith, P. N. (2006). Perchlorate ecotoxicology, FL, SETAC Press, Pensacola.

Kierszenbaum, A. L. andTres , L. L. (2012). Histology and cell biology: an introduction to pathology, 3$^{rd}$ ed, Elsevier Saunders, Philadelphia, PA.

Kierszenbaum, A. L. andTres , L. L. (2016). Histology and cell biology: an introduction to pathology, 4$^{th}$ ed, Elsevier/Saunders, Philadelphia, PA.

**Kochummen, E.; Tong, S.; Umpaichitra, V. e Chin, V. L. (2016).** A Uni que C as e o f B il at e ral Hhrthl e C e 1 1 Ade no ma in an Ado Ie s *eent* , Hormone Research in Paediatrics.

**Konturek, P. C.; Konturek, S. J.; Sulekova, Z.; Meixner, H.; Bielanski, W.; Starzynska, T.; Karczewska, E.; Marlicz, K.; Stachura, J. e Hahn, E. G. (2001).** Expression of hepatocyte growth fator, transforming growth fator alpha, apoptosis related proteins Bax and Bcl-2, and gastrin in human gastric cancer, Journal of Alimentary Pharmacology and Therapeutics, 15 (7): 989-999.

**Krag, D. N. (2000).** Surgical oncology, Tex, Landes Bioscience, Georgetown.

**Kresina, T. F. (2001).** An introduction to molecular medicine and gene therapy, Wiley-Liss, New York.

**Kumar, V.; Abbas, A.; Fausto, N. e Mitchell, R. (2007).** Robbins Basic Pathology, 8th ed, Saunders Philadelphia.

**Lam, A. K.; Lau, K. K.; Gopalan, V.; Luk, J. e Lo, C. Y. (2011).** Análise quantitativa da expressão do fator de crescimento de transformação alfa (TGF- α) e do recetor do fator de crescimento epidérmico (EGFR) no carcinoma papilar da tiroide: relevância clinicopatológica, Journal of Pathology, 43 (1): 40-47.

**Lang, B.; Lo, C. Y.; Chan, W. F.; Lam, A. e Wan, K. Y. (2006).** Variante clássica e folicular do carcinoma papilar da tiroide: um estudo comparativo das características clinicopatológicas e dos resultados a longo prazo. Revista Mundial de Cirurgia. 30 (5): 752-758.

**Lau, Kwok Pui (2007).** Clinicopathological Roles of Transforming Growth Fator Al pha (TGFa) in P ap il 1 ary Thyroi d C arc ino ma, Hong Kong University Theses Online.

**Lee, H. J.; Xu, X.; Choe, G.; Chung, D. H.; Seo, J. W.; Lee, J. H.; Lee, C. T.; Jheon, S.; Sung, S. W. e Chung, J. H. (2010).** Sobreexpressão de proteínas e amplificação de genes do recetor do fator de crescimento epidérmico em carcinomas pulmonares de células não pequenas: Comparação de quatro anticorpos comercialmente disponíveis por imunohistoquímica e estudo de hibridização in situ por fluorescência, Lung Cancer, 68 (3): 375-382.

**Lee, Y. M. e Lee, J. B. (2013).** Valor prognóstico da expressão do recetor do fator de crescimento epidérmico, p53 e galectina-3 no carcinoma papilar da tiroide, The Journal of International Medical Research, 41(3): 825-834.

**Leung, A. M. e Mestman, J. H. (2015).** Distúrbios da glândula tireoide, Biblioteca global de medicina feminina, DOI 10.3843 / GLOWM.10308, novembro de 2015

**Lewis, R. (2009).** Human genetics: concepts and applications, $9^{th}$ ed, McGraw-Hill Higher Education, New York.

**Lifshitz, F. (2003).** Pediatric endocrinology, $4^{th}$ ed, M. Dekker, New York.

**Longenbaker, S. N. (2011).** Mader's understanding human anatomy & physiology, $7^{th}$ ed, McGraw-Hill/Connect Learn Succeed, Nova Iorque.

**Luo, H.; Tulpule, S.; Alam, M.; Patel, R.; Sen, S. e Yousif, A. (2015).** Um assassino silencioso raro: metástase atrial direita do carcinoma de células Hürthle da tiroide, Journal of Case reports in oncology, 8 (2): 233-237.

**Lyman, G. H.; Cassidy, J.; Bissett, D.; Spence, R. A. J. e Payne, M. (2015).** Oxford American handbook of oncology, $2^{nd}$ ed, Oxford University Press, Nova Iorque.

**Mader, S. S. (2010).** Human biology, $11^{th}$ ed, McGraw-Hill, Dubuque, IA.

**Mader, S. S. e Windelspecht, M. (2012).** Human biology, $12^{th}$ ed, NY, McGrawHill, New York.

**Maizlin, Z. V.; Wiseman, S. M.; Vora, P.; Kirby, J. M.; Mason, A. C.; Filipenko, D. e Brown, J. A. (2008).** Neoplasias de células de Hürthle da tiroide: Aparência Sonográfica e Características Histológicas, Journal of Ultrasound in Medicine, 27 (5): 751-757.

**Martini, F.; Nath, J. L. e Bartholomew, E. F. (2012).** Fundamentos de anatomia e fisiologia, $9^{th}$ ed, Benjamin Cummings, São Francisco.

**Mazzaferri, E. L. (2006).** Practical management of thyroid cancer: a multidisciplinary approach, Springer E-Books, Springer, Londres.

**Mcdougall, I. R. e Berry, G. J. (2006).** Management of thyroid cancer and related nodular disease, Springer, Londres.

**Mchenry, C. R. e Phitayakorn, R. (2011).** Adenoma folicular e carcinoma da glândula tiroide, Journal of The Oncologist, 16 (5): 585-593

**Melmed, S. e Conn, P. M. (2005).** Endocrinology: basic and clinical principles, $2^{nd}$ ed, N.J., Humana Press, Totowa.

**Mills, S. E. (2012).** Histology for pathologists, $4^{th}$ ed, Wolters Kluwer HealthZLippincott Williams & Wilkins, Philadelphia.

**Milojevic, B.; Tosevski, J.; Milisavljevic, M.; Babic, D.; e Malikovic, A. (2013).** Lóbulo piramidal da glândula tireoide humana, Um estudo anatômico com implicações clínicas, Jornal Romeno de Morfologia e Embriologia = Revue Roumaine De Morphologie Et Embryologie, 54 (2): 285-289.

**Mincione, G.; Di-Marcantonio, M. C.; Tarantelli, C.; D'inzeo, S.; Nicolussi, A.; Nardi, F.; Donini, C. F. e Coppa, A. (2011).** EGF e TGF-β1 Effe ct s o η Thyroid Function, Journal of thyroid research, 2011: 431718.

**Mitrasinovic, P. M. (2012).** Receptores do fator de crescimento epidérmico: uma perspetiva funcional, Journal of Curr Radiopharm, 5: 29-33.

**Molitch, M. E. (2002).** Challenging cases in endocrinology, N.J., Humana Press, Totowa.

**Mondal, C.; Sinha, S.; Chakraborty, A. e Chandra, A. K. (6102).** Studies on Goitrogenic / Antithyroidal Potentiality of Thiocyanate, Catechin and After Concomitant Exposure of Thiocyanate-Catechin, International Journal of Pharmaceutical and Clinical Research, 8 (1): 108-116.

**Moreno, J. C.; De Vijlder, J. J.; Vulsma, T. e Ris-Stalpers, C. (2003).** Genetic basis of hypothyroidism: recent advances, gaps and strategies for future research,

Journal of Trends in Endocrinology & Metabolism, 14 (7): 318-326.

**Mortaz, E.; Masjedi, M. R.; Allameh, A. e Adcock, I. M. (2012).** Sinalização do inflamassoma na patogênese das doenças pulmonares, Journal of Current Pharmaceutical Design, 18 (16): 2320-2328.

**Muller, A. F.; Drexhage, H. A. e Berghout, A. (2001).** Tireoidite pós-parto e tireoidite autoimune em mulheres em idade fértil: percepções recentes e consequências para os cuidados pré-natais e pós-natais, Journal of Endocrine Reviews, 22 (5): 605-630.

**Instituto Nacional do Cancro dos EUA (2012).** SEER, Vigilância, Epidemiologia e Resultados Finais.

**Instituto Nacional do Cancro dos EUA (2015).** SEER, Vigilância, Epidemiologia e Resultados Finais: cancro da tiroide, Departamento de Saúde e Serviços Humanos dos EUA, Institutos Nacionais de Saúde, Instituto Nacional do Cancro.

**Nguyen, Q. T.; Lee, E. J.; Huang, M. G.; Park, Y. I.; Khullar, A. e Plodkowski, R. A. (2015).** Diagnóstico e tratamento de pacientes com cancro da tiroide, Journal of American health & drug benefits, 8 (1): 30-40.

**Nix, P.; Nicolaides, A. e Coatesworth, A. P. (2005).** Thyroid cancer review 2: management of differentiated thyroid cancers, Int. J. Clin. Pract, 59 (12): 14591463.

**Nobuhara, Y.; Onoda, N.; Yamashita, Y.; Yamasaki, M.; Ogisawa, K.; Takashima, T.; Ishikawa, T. e Hirakawa, K. (2005).** Eficácia da terapia molecular direccionada para o recetor do fator de crescimento epidérmico em linhas celulares de cancro anaplásico da tiroide, British Journal of Cancer, 92 (6): 1110 - 1116.

**Normanno, N.; De-Luca, A.; Bianco, C.; Strizzi, L.; Mancino, M.; Maiello, M. R.; Carotenuto, A.; De Feo, G.; Caponigro, F. e David S. (2006).** Sinalização do recetor do fator de crescimento epidérmico (EGFR) no cancro, Journal of Gene, 366 (1): 2-16.

**Ny st ro M, E . (2 0 1 1 ) .** Thyroid disease in adults, Springer, Berlin.

O b re gón , M. J. ; E s c o b a r D . R. ; F ra n c is c o , a n d Mo r re a le , D . E . (2 0 1 0) . Os efeitos da deficiência de iodo na desiodação da hormona da tiroide, Mary Ann Liebert.

Oertli, D. e Udelsman, R. (2007). Surgery of the thyroid and parathyroid glands, Springer, Berlin.

Oza, A.; Eisenhauer, E.; Elit, L.; Cutz, J.-C.; Sakurada, A.; Tsao, M.; Hoskins, P.; Biagi, J.; Ghatage, P. e Mazurka, J. (2008). Estudo de Fase II do Erlotinib no Cancro do Endométrio Recorrente ou Metastático, NCIC IND-148. Jornal de Oncologia Clínica. 26 (26): 4319-4325.

Parangi, S. e Phitayakorn, R. (2011). Doenças da tiroide, Califórnia, Greenwood, Santa Barbara.

Park, J. y.; Kim, D. w.; Park, J. s.; Kang, T. e Kim, Y. w. (2012). A prevalência e as características dos lobos piramidais da tiroide, avaliadas por tomografia computadorizada. Tireoide, Jornal Oficial da Associação Americana de Tireoide. 22 (2): 173-177.

Pellegriti, G.; Frasca, F.; Regalbuto, C.; Squatrito, S. e Vigneri, R. (2013). Aumento da incidência mundial de cancro da tiroide: Atualização sobre Epidemiologia e Fatores de Risco. Journal of Cancer Epidemiology, 2013 (1): 1-10.

Perros, P.; Boelaert, K.; Colley, S.; Evans, C.; Evans, R. M.; Gerrard, B. G. e Gilbert, J. (2014). Orientações para a gestão do cancro da tiroide, Journal of Clinical Endocrinology, 81 (1): 1-122.

Pescovitz, O. H.; Eugster, E. A.; Brown, B.; Caputo, G. R. e Crede, B.

(2004). Pediatric endocrinology: mechanisms, manifestations, and management, 1st ed, Pennsylvania: Lippincott Williams & Wilkins, Philadelphia.

Pinto, A. e Glick, M. (2002). Gestão de pacientes com doença da tiroide: considerações de saúde oral, Journal of the American Dental Association, 133 (7): 849858.

**Pociot, F. (2004).** CTLA-4 in autoimmune disease, Georgetown, Tex, Landes Bioscience.

**Porth, C. e Porth, C. (2007).** Essentials of pathophysiology: concepts of altered health states, 2$^{nd}$ ed, Lippincott Williams & Wilkins, Philadelphia.

**Poston, G. J.; Beauchamp, R. D. e Ruers, T. J. M. (2007).** Textbook of surgical oncology, Informa Healthcarem London.

**Rahbari, R.; Zhang, L. e Kebebew, E. (2010).** Thyroid cancer gender disparity, Journal of Future Oncology (Londres, Inglaterra), 6 (11): 1771-1779.

**Robinson D. R.; Wu, Y. e Lin, S. (2000).** A família da proteína tirosina quinase do genoma humano, Journal of Oncogene, 19 (49): 5548-5557.

**Rodriguez-AntonaC .; Pallares, J.; Montero-Conde, C.; Inglada-Pérez,**

**L.; Castelblanco, E.; Landa, I.; Leskela, S.; Leandro-Garcia, L. J.; López-Jiménez, E.; Letón, R.; Cascón, A.; Lerma, E.; Martin, M. C.; Carralero, M. C.; Mauricio, D.; Cigudosa, J. C.; Matias-Guiu, X. e Robledo, M. (2010).** A sobreexpressão e ativação de EGFR e VEGFR2 em carcinomas medulares da tiroide está relacionada com metástases, J. Endocr Relat Cancer, 17 (1): 7-16.

**Rosenbloom, K. R.; Armstrong, J.; Barber, G. P.; Casper, J. e Clawson, H. (2015).** O banco de dados do navegador do genoma UCSC: atualização de 2015, Journal of Nucleic acids research, 43: 670-681.

**Rosenthal, M. S. (2002).** The thyroid cancer book, 2$^{nd}$ ed, Victoria, B.C., Trafford.

**Rosenthal, M. S. (2004).** Thyroid Sourcebook for Women, 2$^{nd}$ ed, McGraw-Hill Professional Publishing, Nova Iorque, EUA.

**Rosenthal, M. S. (2005).** The thyroid sourcebook for women, 2$^{nd}$ ed, McGraw-Hill, New York.

**Rosenthal, M. S. (2009).** The thyroid sourcebook, 5$^{th}$ ed, McGraw-Hill, Nova Iorque.

**Roshani, P. R.; Raja, V. K.; Meenuvijayan, e RemyaRegha, (2013).** Avaliação do paciente com desordens da tiroide, Revista Internacional de pesquisa em farmácia e química, 3 (2): 2231-2781.

**Ross, M. H. e Pawlina, W. (2016).** Histologia: um texto e atlas: com biologia celular e molecular correlacionada, 7th ed, Wolters Kluwer Health, Filadélfia.

**Rubin, E. e Reisner, H. M. (2009).** Essentials of Rubin's pathology, 5th ed, Wolters Kluwer HealthZLippincott Williams & Wilkins, Philadelphia.

**Sakorafas, G. H.; Kokkoris, P. e Farley, D. R. (2010).** Linfoma primário da tiroide (correção do linfoma): dilemas diagnósticos e terapêuticos, Journal of Surgical Oncology, 19 (4): 124-129.

**Saleh, H. A.; Jin, B.; Barnwell, J. e Alzohaili, O. (2010).** Utilidade dos marcadores imunohistoquímicos na diferenciação entre nódulos da tiroide benignos e malignos derivados de folículos, BioMed Central Ltd.

**Sandoval, M. A. e Paz-Pacheco E. (2011).** Carcinoma de células de Hürthle da tiroide, BMJ Case Reports, Feb 09- 2011.

**Sarhan, M. M. I. (2015).** Tumores de células de Hurthle da glândula tireoide um estudo clinicopatológico no instituto nacional de câncer, tese MSC, Universidade do Cairo, Egito.

**Sembulingam, K. e Sembulingam, P. (2010).** Essentials of medical physiology, 5th ed, Jaypee Bros, Medical Publishers, New Delhi.

**Sethi, K.; Sarkar, S.; Das, S.; Mohanty, B. e Mandal, M. (2010).** Biomarcadores para o diagnóstico do cancro da tiroide, Journal of Experimental Therapeutics & Oncology, 8 (4): 341-352.

**Shi, S. R. e Taylor, C. R. (2010).** Investigação e Diagnóstico Baseados na Imunohistoquímica de Recuperação de Antigénios, Hoboken, N.J., Wiley.

**Shindo, K.; Aishima, S.; Okido, M. e Ohshima, A. (2012).** Um caso de mau prognóstico de carcinoma mucoepidermóide da tireoide: um relato de caso, Journal of Case Reports in Endocrinology, 2012: 862545.

**Shomon, M. J. (2006).** The thyroid hormone breakthrough: overcoming sexual and hormonal problems at every ageem, 1st ed, Collins, New York.

**Silver, R. e Tam, C. (2002).** Endocrinologia, p44-1 .

**Singh, V. (2014).** Livro de texto de anatomia da cabeça, pescoço e cérebro, Volume 3, 2nd ed, Elsevier, Nova Deli, Índia.

**Smith, R. A.; Andrews, K.; Brooks, D.; Desantis, C. E.; Fedewa, S. A.; Lortet-Tieulent, J.; Manassaram-Baptiste, D.; Brawley, O. W. e Wender, R. C. (2016).** Rastreio do cancro nos Estados Unidos, 2016: Uma revisão das atuais diretrizes da American Cancer Society e questões atuais no rastreio do cancro.CA: A Cancer Journal for Clinicians, 66 (2): 95-114.

**Sobin, L. H.; Gospodarowicz, M. K. e Wittekind, C. (2009).** TNM classification of malignant tumours, Chichester, 7th edWiley-Blackwellm, , West Sussex, UK.

**Sokouti, M.; Montazeri, V.; Fakhrjou, A.; Samankan, S. e Goldust, M. (2013).** 25 anos em Tabriz, Irão (2000-2012), Paquistão J. Biol. Sci. 16 (24): 2003-2008.

**Takami, H. E.; Miyabe, R. e Kameyama, K. (2008).** Tireoidite de Hashimoto, World Journal of Surgery, 32 (5): 688-692.

Tampellini, M.; Longo, M.; Cappia, S.; Bacillo, E.; Alabiso, I.; Volante, M.; Dogliotti, L. e Papotti, M. (2007). - **EGF TGF e S6 quinase está significativamente associado a carcinomas colorretais com metástases distantes no momento do diagnóstico, Journal of Virchows Archiv, 450 (3): 321-328.**

**Tang, C; Yang, L; Wang, N; Li, L; Xu, M; Chen, G.G. e Liu, ZM. (2014).** A alta expressão de GPER1, EGFR e CXCR1 está associada à metástase de linfonodos no carcinoma papilar da tireoide, International Journal of Clinical and Experimental Pathology, 7 (6): 3213-3223.

**Associação dos Sobreviventes do Cancro da Tiroide (2011).** Noções básicas sobre o cancro da tiroide, Olney, MD, ThyCa.

**Toft, A. (2006).** Understanding thyroid disorders (Compreender os distúrbios da tiroide), Family Doctor Publications, Inglaterra.

**Udart, M.; Jochen, U.; Gertraud, K. M. e Peter, R. U. (2001).** Chromosome 7 Aneusomy, A marker for metastatic melanoma: expression of the epidermal growth fator recetor gene and chromosome 7 Aneusomy in Nevi, primary malignant melanomas and metastases, Journal of Nature Publishing Group, 3 (3): 245-254.

**Umekita, Y.; Ohi, Y.; Sagara, Y. e Yoshida, H. (2000).** A coexpressão do recetor do fator de crescimento epidérmico e do fator de crescimento transformador alfa prevê um pior prognóstico em doentes com cancro da mama, International Journal of Cancer, 89 (6): 484-487.

**Upadhyaya, M. (2012).** Importância da inclusão do teste da hormona estimulante da tiroide (TSH) nos exames de saúde principais - um inquérito, International Journal of pharmacy and biological sciences, 2 (3): 216-222.

**Vasko V. V. e Saji M. (2007).** Mecanismos moleculares envolvidos na invasão e metástase do cancro diferenciado da tiroide, Journal of Current Opinion in Oncology, 19 (1): 11-17.

**Vasko, V. V.; Gaudart, J.; Allasia, C.; Savchenko, V.; Di-Cristofaro J.; Saji, M.; Ringel, M. D. e De-Micco, C. (2004).** Thyroid follicular adenomas may display features of follicular carcinoma and follicular variant of papillary carcinoma, European Journal of Endocrinology, 151 (6): 779-786.

**Vokes, E. E. e Golomb, H. M. (2003).** Oncologic therapies, 2nd , Springer, Berlin.

**Walker-Esbaugh, C.; Mccarthy, L. H.; Sparks, R. A.; Dunmore, C. W. e Fleischer, R. M. (2004).** Medical terminology: exercises in etymology, 3rd ed, F.A. Davis Co, Philadelphia.

**Wartofsky, L. e Van-Nostrand, D. (2006).** Thyroid cancer: a comprehensive guide to clinical management, 2nd ed, Springer E-Books, N.J., Humana Press, Totowa.

**Waugh, A.; Grant, A. e Ross, J. S. (2001).** Ross and Wilson anatomy and physiology in health and illness, 9th ed, Edinburgh, Churchill Livingstone.

**Weetman, A. P. (2008).** Autoimmune diseases in endocrinology, N.J., Humana, Totowa.

**Wender, R.; Sharpe, K. B.; Westmaas, J. L. e Patel, A. V. (2015).** A abordagem da American Cancer Society para lidar com a carga de câncer na comunidade LGBT.LGBT Health.

**Wieduwilt, M. J. e Moasser, M. M. (2008).** The epidermal growth fator recetor family: Biology driving targeted therapeutics, Journal of Cellular and molecular life sciences, 65 (10): 1566-1584

**Williams, R. H. e Larsen, P. R. (2003).** Williams textbook of endocrinology, 10th ed, Saunders, Philadelphia, PA.

**Organização Mundial da Saúde (2016).** Estatísticas Mundiais de Saúde 2016, Organização Mundial de Saúde (OMS).

**Wu, W.; He, Q.; Li, X.; Zhang, X.; Lu, A.; Ge, R.; Zhen, H.; Chang, A. E.; Li, Q. e Shen, L. (2011).** As células estaminais neurais humanas cultivadas a longo prazo sofrem transformação espontânea em células iniciadoras de tumores, Int J Biol Sci, 7 (6): 892901.

**Yarden, Y. e Sliwkowski, M. X. (2001).** Untangling the ErbB signalling network, Nature Reviews, Journal of Molecular Cell Biology, 2 (2): 127-137.

**Ying, A. K.; Huh, W.; Bottomley, S.; Evans, D. B. e Waguespack, S. G. (2009).** Thyroid Cancer in Young Adults, Journal of Seminars in Oncology. 36 (3): 258-274.

**Zachary, J. F. e Mcgavin, M. D. (2012).** Base patológica da doença veterinária, 5th ed, Mo, Elsevier.

**Zoeller, R. t. (2003).** Tiroxina transplacentária e desenvolvimento do cérebro fetal, The Journal of Clinical Investigation, 111 (7): 954-957.

yes **I want** morebooks!

Buy your books fast and straightforward online - at one of world's fastest growing online book stores! Environmentally sound due to Print-on-Demand technologies.

Buy your books online at
**www.morebooks.shop**

Compre os seus livros mais rápido e diretamente na internet, em uma das livrarias on-line com o maior crescimento no mundo! Produção que protege o meio ambiente através das tecnologias de impressão sob demanda.

Compre os seus livros on-line em
**www.morebooks.shop**

Printed by Books on Demand GmbH, Norderstedt / Germany